做个通情达理的婉约女人

张熙妍◎著

中华工商联合出版社

图书在版编目(CIP)数据

做个通情达理的婉约女人 / 张熙妍著. ––北京：
中华工商联合出版社，2017.6
ISBN 978-7-5158-1997-6

Ⅰ.①做… Ⅱ.①张… Ⅲ.①女性–修养–通俗读物
Ⅳ.①B825.5–49

中国版本图书馆 CIP 数据核字(2017)第 102194 号

做个通情达理的婉约女人

作　　者：张熙妍
责任编辑：吕　莺　张淑娟
装帧设计：芒　果
责任审读：李　征
责任印制：迈致红
出版发行：中华工商联合出版社有限责任公司
印　　刷：北京高岭印刷有限公司
版　　次：2017 年 8 月第 1 版
印　　次：2017 年 8 月第 1 次印刷
开　　本：640mm×960 mm　1/16
字　　数：250 千字
印　　张：16
书　　号：ISBN 978-7-5158-1997-6
定　　价：38.00 元

服务热线：010-58301130
销售热线：010-58302813
地址邮编：北京市西城区西环广场 A 座
　　　　　19-20 层,100044
http://www.chgslcbs.cn
E-mail:cicap1202@sina.com(营销中心)
E-mail:gslzbs@sina.com(总编室)

前 言

PREFACE

一

女人有很多种，有的漂亮，有的妩媚，有的纯真，有的优雅，有的风情万种，有的雍容华贵。所有的女人中，最令人欣赏的往往是通情达理的女人。

通情达理的女人，表现抑扬有度。她们善于精心包装自己，不会五彩斑斓过分张扬，也不追赶时髦哗众取宠，她们在什么场合穿什么样的衣服，不张扬，不媚俗，修饰自然，举止得体。

如果用花来比喻，通情达理的女人就是百合，清香淡雅而沁人心脾。

通情达理的女人，至情至性。她们对人平等，不亢不卑，脸上永远带着亲切的笑；与人说话时，不恭维，不指责，不花言巧语，不咄咄逼人，而是用心来聆听，也总是站在他人的角度，为他人着想。她们永远春风拂面，让人觉得温暖而清新。

通情达理的女人，有容乃大，心态积极，乐观向上，不颓废放纵，不怨天尤人，有一颗善良和包容的心，拥有独立的思想和人格，对事物有自己的看法和见解，从不人云亦云。有些时候，她们甚至像一棵树，树荫可以供人乘凉，树干可以供人倚靠。

通情达理的女人，肯定是婉约的、宁静的、淡泊的。她像一张琴，清音袅袅。她不仅是一个贤惠的夫人，还是一个可爱善良的女子，更是一名宽容自信的女性。她不会因为步入"围城"而开始变得邋遢，她依然会把自己收拾得像婚前那样干净利落，依然会保持着良好的生活习惯，依然有着最美好的笑容和身姿。

二

如果说男人是山，女人就是水，只有婉约才能环绕出山的灵性；如果说男人是树，女人就是藤，只有婉约才能缠绕出树的刻骨柔情；如果说男人是林，女人就是鸟，只有婉约才能啼唱出树林中的美妙和谐。

通情达理的女人，懂得扬长避短，对男人的成就荣誉，给予坦诚的赞赏；对男人的不足之处，以淡淡的笑一抹而过；即使遇到不得不正视的问题时，也懂得用最婉转、最恰当的话语告诉男人，既给他留了"面子"，也呵护了他的尊严。

通情达理的女人，眼中没有男人身上的贵贱，嘴上没有男人小心"经营"的隐私；通情达理的女人，在男人风生水起时不骄，在男人失意萎靡时不弃；通情达理的女人，对男人偶尔胡吹海侃的大话笑而不语，对男人特有的爱好坦然视之；通情达理的女人，不会要男人在她和母亲之间做选择，不会拿男人与别人的身价相比……

时间是筛子，通情达理的女人能留下淡若空谷幽兰的那一抹婉约，而这种通情达理的女人，往往是每个男人都欣赏的。

三

通情达理这门课的修炼，是一门艺术，需要岁月的积淀，是在经历一些事情，有了丰富阅历之后的很自然的一种魅力的体现，是宠辱不惊的从容和大度，是懂得感恩、容易满足的心情的彰显……这些不是与生俱来的，而是一种修养，是知识和经历的内化，通过不断积累、日益强化，渐渐地成为女人生命的一部分，成为女人灵魂里最闪亮的东西。

岁月可以夺走财富、金钱、地位，夺走美貌年华和青春岁月，甚至夺走健康的体魄，但夺不走一个人沁入骨髓的气质。让我们"顺从"岁月，任光阴荏苒，任青丝染成白发，平静地直面逝去的时光，以一份从容去品味每个季节的独特芳香，以一份淡然去看云卷云舒，看花开花落，做一个通情达理的婉约女子吧——不仅仅是为了我们的那个"他"，更是为了我们自己。

愿你能不断地充实自己，修炼自己，提高自己的内在修养，让自己拥有美丽的心灵、高尚的品格、丰富的内涵，从里到外散发出耀眼的光芒——你若盛开，清风自来！

目 录

CONTENTS

第一章

善待自己，通情达理的女人不苛刻

别苛待自己，学会欣赏自己

每个人都有自己的人生规划，但是只有在理性的状态下，人生规划才有可能发挥出它最大的正能量。可生活中有人总是跟自己"较劲"，觉得自己这也不行那也不好，觉得实际生活中的自己距离理想中的自己差太多，甚至因此痛苦不堪。

张爱玲的性格内向到了近乎孤僻的地步，甚至有些冷酷无情，有人说，她的人生就是一部正反两面教材，她在攻击自己的描述中，将自己弄得"体无完肤"。

她在作品《天才梦》中写道：我是一个古怪的女孩，从小被视为天才……当童年的狂想逐渐褪色的时候，我发现我除了天才梦之外一无所有——所有的只是天才的怪癖缺点。

读到这里，你可能会认为，张爱玲的缺陷很大。可是，继续看下去你便会发现，她所指的自己的缺点不过是她不会削苹果；在经过了长期的努力学习之后才学会了补袜子；因为不愿与他人交往而怕上理发店，怕见客，更害怕给裁缝试衣裳的尴尬瞬间；有朋友曾经尝试过要教她学织毛线，却以失败告终；在一家公寓住了长达两年的时间，别人问她电铃在哪里，她却依然茫然不知；天天坐黄包车到医院去打针，接连打了三个多月，却依然不认识那条路。

最后，张爱玲给自己的结束语是："总而言之，在现实的社会里，我等于一个废物。"于是，那句令人惊叹的"生命是一袭华美的袍，爬满了虱子"便由此诞生了。但张爱玲所说的"华美的袍上的虱子"，只不过是一些她生活中无法胜任的小事：煮饭、洗衣、走路、看人眼色过日子，抑或是梳妆的瞬间怎样去研究自己的面部神态——由《天才梦》便能预见，张爱玲的一生必定不会太顺，因为她太过于苛待自己，太爱"风花雪月强作愁"。

世间只有一个张爱玲，她的人生与你的不同，但是，你是否也正在不断体验着她曾经体验过的一些自我伤害片段？想要远离这种自我伤害，你需要明白：每个人都是独一无二的。这个独特的"自己"既有优点，也有缺点和不足。一个人只有充分地接纳自己，懂得欣赏自己、包容自己，才能自信地与人交往，出色地发挥出自己的才能和潜力。

莫娅自幼学习艺术体操，身段匀称灵活。不幸的是，一次意外事故导致她下肢严重受伤，一条腿留下了后遗症——走路有一点瘸。为此，她十分懊丧，甚至不敢走上街去，因为害怕看见别人注视自己的残腿的目光。为了逃避，莫娅搬到了约克郡乡下。

一天，小镇上的雷诺兹老师领着一个女孩来向莫娅学跳苏格兰舞。在他们诚恳的请求下，莫娅勉为其难地答应了。为了不让他们察觉到自己的腿是残疾的，莫娅特意提早坐在一把藤椅上。

可那个女孩偏偏天生笨拙，连起码的乐感和节奏感都没有。

当那个女孩又一次跳错时，莫娅不由自主地站起来给对方示范那个要领——一个带旋转的交叉滑步动作。莫娅一转身，便敏感地看见那个女孩正盯着自己的腿，一副惊讶的神情。她忽然意识到，自己一直刻意掩盖的残疾在刚才的瞬间已暴露无遗。这时，一种自卑感让她无端地恼怒起来。她猛地一挥手，做了个停止的手势道："够了，一切到此为止，我不愿为一只菜鸟浪费时间了！"莫娅的行为伤害了那个女孩的自尊心，女孩难过地跑开了。

事后，莫娅满心歉疚。过了两天，莫娅亲自来到学校，和雷诺兹老师一起等候那个女孩。莫娅说："把你训练成一名专业舞者恐怕不容易，但我保证，你一定会成为一个不错的领舞者。"

这一次，她们就在学校的操场上跳，有不少学生好奇地围观。那个女孩笨手笨脚的舞姿不时招来同学们的嘲笑，女孩满脸通红，不断犯错，每跳一步，都如芒刺在背。莫娅看在眼里，深深理解那种无奈的自卑感。她走过去，轻声对那个女孩说："假如一个舞者只盯着自己的脚，就无法享受跳舞的快乐，而且别人也会跟着注意你的脚，发现你的错误。现在你仰起脸，面带微笑地跳完这支舞曲，别管步伐是不是错的。"

说完，莫娅和那个女孩面对面站好，朝雷诺兹老师示意了一下。悠扬的手风琴音乐响起，她们踏着拍子，愉快起舞。其实那个女孩的步伐还有些错误，动作也不是很和谐。但意外的效果出现了——那些围观的学生被她们脸上的微笑所感染，不再去关注舞蹈细节上的错误。渐渐地，越来越多的学生情不自禁地加入到舞蹈中，大家尽情地跳啊，跳啊，直到太阳下山。

　　人不能片面地看待自己，而应该综合考察、实事求是地了解自己、接受自己。很多人常常过分严格地要求自己，凡事都希望做到完美无缺。然而，我们所做的一切都不会是十全十美的。我们无法要求自己完美无缺，我们只能努力把自己变成一个有很少缺点的人。我们要学会适当地宽容自己，坦然接受自己的某些缺点，这样我们才能生活得比较轻松，也才能保持内心的平静。

　　接纳自己，就是以一种温暖、关爱、亲切、宽容和体贴的态度对待自己。完全地接纳自己，尊重自己，既要接受自己的优点，也要接受自己的缺点。这样，封闭的心会逐渐敞开，心灵会变得洁净而勇敢，对生命充满信任和希望。

　　欣赏自己，就是在无人为我们鼓掌的时候，给自己一句鼓励；在无人为我们拭泪的时候，给自己一些安慰；在我们自惭形秽的时候，给自己一片空间、一份自信。抖落昨日的疲惫与无奈，抚去昨日的伤痛和泪水，去迎接明天崭新的朝阳，走向风和日丽的清晨……

　　欣赏别人是一种尊重，欣赏自己则是一种自信，在困境中欣赏自己可以给自己信心与勇气。欣赏自己也是一种睿智的表现，让自己的"闪光点"尽快"灿烂"起来，让自己的"余热"尽可能多地发挥作用，是对自己的一种认同。

　　学会欣赏自己，实际上就是在面对困难时保持乐观积极的心态，让自己能够从困境中看到希望，从而不会陷入绝望的境地。

　　闲暇之余，静静地欣赏自己，你会发现其实自己也很真实，也很天真可爱。在我们的人生道路上，尽管没有芳馨的鲜花为我们添香，却有希望的绿野为我们舒展；尽管没有雷鸣般的掌声为我们喝彩，却有恒久的信念在我们的心头树立；尽管经历沧桑和坎坷，理想的风帆却依旧高扬。多少次回味在烈日与风雨中苦苦追求的足迹，尽管那样平淡无奇，我们却仍意志坚定——沿着自己的航线，蹚过岁月的河流，驶向美丽的海洋。无须改变什么，也无须挑剔什么，自己就是自己——世界上独一无二的自己。自己本来就很美，很独特，只不过，我们仍须努力！

❋ ❋ ❋ ❋

活得漂亮，学会取悦自己

人生就像是一出戏。在生命的舞台上，我们应该是这出戏的中心，是制片，是编剧，是导演，更是主角。这出戏的成败，完全是我们自己的责任，其他人充其量都只是配角而已。我们是自己的主宰，那么我们更应该看重自己、爱惜自己、宠爱自己。

女孩恋爱了，本来是很美好的事情。恋爱中的女孩却在朋友们的眼里变成了另一个人。一向喜欢素颜朝天的人，忽然把自己一张素净的脸当成化妆品厂家的广告牌，红的、黑的、紫的、蓝的，一股脑儿地往上涂；穿衣打扮的风格大变，单纯的黑白世界变成五彩的，刺目的黄、绚烂的紫、红配绿的恶俗搭配，竟然也敢大摇大摆地穿出去。一个清水出芙蓉的美人，不到半年时间就被她的艺术家男友给活脱脱"毁"了。

男友说这是艺术。女孩并没觉得自己的生活有什么不好，她快乐得很。男友是时尚界大名鼎鼎的设计师，他把女孩子的身体当成他的艺术舞台。女孩偏就那么乐意。也难怪，她也不过是红尘中一个渴望爱情的女子。女孩的虚荣心在男友一次次故作惊艳的目光中得到无限满足。哪怕从此失去了自己，她也愿意。

一场恋爱，两年拍拖，男友的热情被耗尽了，女孩自己也找不到自己了。分手时女孩痛快淋漓地大哭了一场，她洗尽层层铅华，找出自己先前的素衣长裙，一切从头来过。

隔一年再见，又是另一人间绝色。女孩爱上了旅游，学了茶艺，一年时间不见，她的古筝弹得颇见成色。人比先前开朗许多，脸上的苍白不见，青春的红润再度回转。以前与他恋爱时，她拼了命地想取悦他，化他喜欢的妆，穿他喜欢的衣服，读他喜欢的书，说他喜欢听的话。可是却没把他留住。可见，极力取悦别人，是件多么不"靠谱"的事。

人应适当地取悦自己，理智又不失活泼地生活。人应让自己活成人世间一道美丽的风景，不必刻意，顺便也能愉悦别人的眼睛。

取悦自己，以美的身体，去爬山，去晨跑，去体育馆酣畅淋漓地打一场球……年轻、健康的感觉，只有投身其中才会体会得如此淋漓尽致，最大的受惠者当然是自己。

取悦自己，以美的思想，读书，思考，品茗，观棋，去看一场艺术展览，在白色宣纸上挥毫泼墨……日积月累的素养积淀成女人睿智美丽的思想。有美的思想的女人，如泉水有源，花树有根，会有绿水长流、青翠常在的资本。

取悦自己，以美的心情，周末或者假期，邀约一二知己好友，在静静的茶吧里共坐小饮，在若有若无的音乐中随意聊天，工作的烦恼、生活的烦恼，都暂且抛诸脑后，给自己的身体和心灵"充个电"。

女人不可以活得太自恋，那样容易故步自封，只活在一个"小我"的世界里。女人又万万不可完全不自恋，那样就如一棵不会开花的树，失了生活的色彩和情趣。所以，女人应适当地取悦自己，理智又不失活泼地生活。

张婷是个活泼开朗的女孩，大学毕业后如愿以偿做了一名快乐的导游，走过了很多的城市。

今年，张婷经人介绍，认识了张建，她觉得那就是她心目中的另一半。但是，张婷觉得张建对自己若即若离。张婷追问原因，原来，张建觉得她哪里都好，就是工作不够稳定：常常带团就走，少则三五天，多则半个月，将来生活在一起，免不了要影响以后照顾家。张建觉得，女孩子嘛，就应该在家相夫教子，用大量的时间照顾家里。为了让喜欢的人高兴，张婷忍痛放弃了自己心爱的事业，辞了职，找了一份文员的工作，朝九晚五，中规中矩，成了张建期待的那种"稳定"的上班族。

张建不喜欢张婷的朋友，觉得他们太闹腾了，所以张婷渐渐地就和以前的朋友们断了联系，一门心思过起了二人世界。张建喜欢朴素的女孩，于是，张婷也不再化妆了，甚至连化妆品也不买了……

但是，渐渐地，张婷越来越厌倦现在的生活，上班永远重复着枯燥而又乏味的工作；下了班，永远是柴米油盐，永远是围绕着张建转，她越来越没有快乐，也越来越没有自己了。

张婷反问自己：我这样做究竟是为了什么？以前常常带团穿梭在城市之间，虽然辛苦，但是很快乐，似乎每天都有很多乐趣。她静下心来好好思索：恋爱不就是让自己更快乐吗？可是为什么自己恋爱了，找到心目中的那个他，却越来越不快乐了呢？为了讨好张建，自己竟然放弃了自己以前的生活，过着这种天天重复乏味无聊的生活。这值得吗？爱张建就要用自己的全部快乐做交换，这到底是爱，还是一种得不偿失的交换？

这个念头在心里萌生出来就再也无法遏制。张婷强烈地感觉到，自己"爱"错了。这种放弃自己的快乐而得到的"爱"不是"爱"，而是一桩失败的"交易"，她应该好好爱自己，过自己想要的生活，做自己喜欢的工作，交与自己志趣相同的朋友，而不是为了一段爱情就抛弃一切。

明白这些后，张婷辞掉了文员工作，对张建说："我爱你，但是我不能为了你完全放弃我以前的生活。做导游，才是我最喜欢的事。可是我为了爱你，将自己弄丢了。所以，从今天开始，我想更爱自己一些。"

虽然没能跟心爱的人在一起，但是张婷不后悔。这段经历让她深深地明白了一个道理：人要先爱自己，才能爱别人。

与其低微地去祈求别人的爱，还不如爱自己多一点。卡耐基曾说过：爱的第一步，不是如何去爱别人，而是要学会爱自己。

其实，女人爱自己是一种责任。我们只有小心翼翼地保护内心的纯净，才会给所爱的人带去一份真诚的爱，同时也才能保证家庭和事业都朝良性而又健康的方向发展，创造出真正的幸福。

女人要爱自己，首先要让自己自由，时时倾听自己的心声，与自己"对话"，诚实地面对内心深处的各种欲念。这样，当我们置身于各种人、事、物中时，我们才不受约束，才能完全保持平衡。当我们能用这样的态度爱自己时，我们就能真正了解爱的意义，也才能真正有能力去爱其他人。

※ ※ ※ ※

不必羡慕他人，做最好的自己

这个世界多姿多彩，每个人都有属于自己的位置，都有自己的生活方式，都有自己的幸福，何必去羡慕别人？人安心享受自己的生活，享受自己的幸福，才是快乐之道。许多时候，人们往往对自己的幸福熟视无睹，而觉得别人的幸福很耀眼。却没有想到，别人的幸福也许对自己不适合；更没有想到，别人的幸福也许正是自己的"坟墓"。羡慕别人的时候不要忽视别人羡慕你的目光，做最好的自己，活得惬意，人才能体味到幸福。

央视著名主持人张越出生在北京一个普通的家庭。她从小就胖嘟嘟的，有其他婴儿几倍重。在她小时候，人们都觉得她胖得可爱。

逐渐长大的张越，从人们看她的眼神里感觉到，胖其实不是什么好事。因为胖，她常被别人认为又呆又笨，慢慢地，胖让她变得自卑。

于是，张越开始拒绝去人多的地方，她害怕见到那些身材苗条的女孩；看到别的女孩跳舞，她也只有远远地站着，她不能也不敢喜欢跳舞；最害怕的是体育课，她怕自己跑步的姿态成为别人的笑柄……

当时，张越最大的愿望是自己能有一身"隐身衣"，让所有的同学和老师都看不见她。后来，她听大人们说，深颜色的衣服可以显得瘦一些。从此，她只穿蓝色和黑色的衣服，只是希望把自己那不堪入目的胖隐藏一点，再隐藏一点。

就这样，张越越来越自卑，甚至拒绝上体育课，宁愿一个人坐着发呆。

又一次体育课，张越一个人坐在教室里，突发奇想：我要是变成某某某多好！可是，当她把班上所有同学都"扮演"了一遍之后，她发现变成了别人的"自己"虽然有很多优点，但每个人也都有很多缺点。这一刻，她释然了，她发现还是做自己最好。

张越打开了"心锁"，不再自卑，她开始跟不同的人交往，读各种书籍。在与人交往和阅读中，她汲取自己成长需要的大量营养。

一个偶然的机会，中央电视台想让张越做节目主持人，却又怕观众不满她的长相，于是一次又一次地把她作为嘉宾推到观众面前。但张越并不在意，依然充分地做着上镜前的各种准备。

就这样，张越"稀里糊涂"地成了中央电视台《半边天》栏目的主持人，后来还获得了"中国电视主持人25年杰出贡献大奖"的荣誉。

有人问张越："身处电视台这种地方，女主持人更是美女如云，你会不会觉得自己被她们抢走了光彩?"面对这个似乎有点"找茬"的问题，张越笑得十分爽朗："你直接说我不漂亮得了!但无论漂亮与否，我只能做我自己。"

只要是最适合自己的，便是最好的、最美的。张越深深明白，胖并没有错，她跟其他任何人一样，都是一个健康的人。胖并没有让她的生活变得很糟，倒让她从跟自己"找茬"的青春里明白了很多道理，学到了更多有用的东西。所以，她现在和别的美女主持人一样光彩照人。

人们总喜欢羡慕别人，却往往忽略了自己所拥有的。很多人总是渴望获得那些本不属于自己的东西，而对自己拥有的却不加以珍惜。其实，我们每个个体之所以存在于世界上，自有其存在的意义;每一个人都有自己的优点和长处，也有自己的缺点和短处。只有认清了这些，安心做自己的人，才是真正有智慧的人。

意大利著名影星索菲娅·罗兰在半个世纪里出演了70多部影片，她用自己动人的风采、卓越的演技给人们留下了深刻的印象。她的美不是静止的，不是平面的，而是以一种最浓烈的方式留给了电影。1961年，她获得了奥斯卡最佳女演员奖。很多导演由衷地说，与索菲娅·罗兰的美丽相比，奥斯卡简直不值一提。

然而，索菲娅·罗兰的从影之路并不是一帆风顺的。

16岁时，索菲娅·罗兰一个人来到了罗马，却因为她的长相差一点没能成为演员。刚到罗马时，她听到的是自己个子太高、臀部太宽、鼻子太长、嘴巴太大等非议——人们把她说得好像没有一点做演员的资格。

不过，很幸运的是，一位制片商看中了索菲娅·罗兰。然而，看中了她并不代表她的事业一帆风顺，索菲娅·罗兰去试了许多次镜，但摄影师都抱怨无法把她拍得更美艳动人。制片商听到了摄影师的抱怨，于是找到了索菲娅·罗兰，并对她说："索菲娅，如果你真想干这一行，我建议你把你的鼻子和臀部'动一动'，做一次整容手术，那样一定会好些。"

对于没有主见的人来说，这是一次千载难逢的机会，她可能会按照制片商的说法去做。但是索菲娅·罗兰是个有主见、不愿意随波逐流的人，她断然拒绝了制片商的建议。在她的心里，始终坚持着这样一个原则：我就是我自己，只有做好了自己，我才能被他人认可。

索菲娅·罗兰决心靠自己内在的气质和精湛的演技来征服观众，于是她找到制片商，并理直气壮地说："对不起，我不能那样做，我就是我自己，只有做好了自己，我才能向别人学习，这是我的原则。虽然我的鼻子太长，但它是我脸庞的中心，它赋予了我脸庞独特的个性，我很喜欢它。至于别人怎么说，我无法改变，因为嘴是长在他们的脸上。我只要坚持我的原则就够了。"

虽然很多议论对索菲娅·罗兰很不利，但她没有因为别人的议论而停下自己奋斗的脚步，反而越挫越勇。从17岁正式进入电影界开始，她一生拍了100多部影片。后来索菲娅·罗兰的演技达到了炉火纯青的程度，她得到了观众的认可，在事业上获得了巨大的成功。

索菲娅·罗兰刚出道时遭到的那些诸如鼻子长、嘴巴大、臀部宽等议论都不见了，她得到了更多的好评，以前的缺点反而成为当时评选美女的标准。20世纪末，索菲娅·罗兰已经60多岁了，但是，她仍然被评为当时"最美丽的女性"之一。

当后来有人问起索菲娅·罗兰为什么她能成功时，她是这样回答的："我谁也不模仿。我不去奴隶似的跟着时尚走，我只要做我自己。当你把自己独特的一面展示给别人的时候，魅力也就随之而来了。"

人生的大权掌握在自己的手中，做决定的最终还是自己。生命是自己的，生活也是自己的，所以不要去复制别人的生活，每个人自己的生活都是最绚丽多彩的。在人生的旅途中，每个人遇到的风景都是不一样的，不要因为在路上看到别人的风景美丽而放弃了自己的风景，殊不知，只有自己的风景才是最美的，只有自己的生活才是独特的。

向日葵每天都面对着太阳，优雅地昂着头，在阳光的照耀下，就像女神一样。不甘心输给向日葵的茉莉花每每这时便会说："别看你的花大，别看你永远向着太阳，你有我香吗?"

向日葵听了，使劲地闻了闻，的确，自己没有茉莉花香。

一天晚上，夜来香对向日葵说："没有了阳光，你不是还得低下头来? 在这个只有月亮和星星的夜晚，你有我开得灿烂，有我闻起来芬芳吗?"

向日葵听了，想抬起头来看看月亮，可是它无论怎么努力，始终不行。它不得不承认，自己太依赖阳光了；它又使劲地闻了闻自己，的确，它也没有夜来香的芬芳。

从此之后，向日葵不再自信，即使到了白天，它也总是耷拉着脑袋。一天，从远处飞来了一朵蒲公英，看到向日葵这样就好奇地问："真奇怪，第一次见一株向日葵不向着太阳的，这么明媚的阳光，你为什么还耷拉着脑袋呢？"

"我觉得自己太依赖阳光了，而且别的花都是香的，我却没有香味。"向日葵沮丧地说。

"天啊，你为什么这么想呢？"蒲公英更不解了。

"茉莉和夜来香都和我比谁更香，谁更离得开阳光，我恨我自己不如它们那么香，那么特别。"向日葵委屈地说。

蒲公英笑了笑说："你错了，你本身就是最特别的，没有花可以选择自己的方向，但你可以啊；没有花可以和太阳有如此紧密而特殊的关系，但你可以啊；茉莉和夜来香有它们自己的香，你也有你自己独特的芬芳啊，你身上的味道本来就是非常美妙的香味，只属于你。如果所有花草都散发着茉莉花香和夜来香，恐怕到那时就无人问津茉莉花和夜来香了，它们也就成了最俗气、最普通的花了。"

在生活中，没有人能够替代你，就像你永远也不能替代别人一样。你有完全属于自己的空间，别人是无论如何也进不去的，这个空间就是具有你自己独特魅力和风格的生活。别人的生活再好也是别人的，永远不会成为你的。不要因觊觎别人的生活，而把自己的最独特的那一段给抹杀了，因为你自己的那一段才是最精彩的。

人与其煞费苦心地去欣赏别人、复制别人，还不如做好自己，为自己而活，活出自己独一无二的风采。

❀❀❀❀

勇于接受批评，但不必让每个人都满意

在这个世界上，有谁不希望自己能拥有和谐的人际关系，有谁不希望自己在人际交往中如鱼得水呢？但是，众口难调，每个人的立场、观点不同，我们又怎么可能让每一个人满意，让每一个人都对我们绽露笑容呢？你一厢情愿地认为自己照顾到了每一个人的感受，但最终还是会有人对你不满意。

每个人都是以自己为“圆心”，以利益为“半径”画圆的，当你的利益和他人的利益有交集的时候，他人肯定会对你不满意。试想在现实生活中，会有“同心圆”吗？你要想让别人满意，就得缩短你的“半径”，但每个人都是一个圆，是不可能缩成一个点让所有人包容的。

美国黑人女性的杰出代表、好莱坞当时最红的女明星之一哈莉·贝瑞集美丽、智慧和坚忍于一身。从17岁开始，她就接连不断地获得令人羡慕的殊荣与奖励。

2001年3月的一天，第74届奥斯卡金像奖颁奖典礼在洛杉矶

的"柯达剧院"隆重举行。此刻，奥斯卡颁奖的历史翻开了崭新的一页，"傲慢"的奥斯卡终于被黑人演员的成就所征服，一扇对黑人女演员关闭了74年之久的大门终于敞开了。哈莉·贝瑞凭借在电影《怪物午宴》中的精彩表演，获得了奥斯卡"最佳女主角"奖，成为奥斯卡历史上的第一个黑人影后。她手捧奥斯卡小金人，兴奋地高高举起。

但是，即使是命运的宠儿，也不可能永远一帆风顺。2005年2月的一天，命运同哈莉·贝瑞开了一个天大的玩笑，将她从人生的巅峰抛进了人生的谷底。在第25届"金酸莓"奖颁奖仪式上，她主演的《猫女》被评为"最差影片"，她本人也被评为"最差女主角"。她走上了领奖台，用曾经接过奥斯卡"最佳女主角"奖杯的那双手，接过了金酸莓"最差女主角"的奖杯，成为第一位亲手接过此奖杯的好莱坞女影星。

金酸莓电影奖设立于1981年，与奥斯卡奖评选"最佳"相反，该奖专门评选"最差"影片、"最差"导演和"最差"演员等奖项，并且举行颁奖仪式，颁发奖杯。对于这个带有恶作剧意味的颁奖，好莱坞的明星大腕们从不正眼相看，也从来没有一个当红的女明星参加过这个颁奖仪式，更没有一个当红的女明星有勇气亲手接过授予自己的"最差女主角"奖杯。

哈莉·贝瑞在处于人生的巅峰时没有忘乎所以，认为自己是绝对的成功；在处于人生的谷底时也没有一蹶不振，认为自己是绝对的失败。她难能可贵地认为，在人生旅途的地平线上，成功与失败同样是崭新的开始。

哈莉·贝瑞在发表获奖感言时说："我的上帝！我这辈子从来没有想过我会来到这里，赢得'最差'奖，这不是我曾经立志要实现的理想。但我仍然要感谢你们，我会将你们给我的批评当作一笔最珍贵的财富。"她最后对大家说："请相信，我不会停下来，我今后会带给大家更精彩的表演。"

听到这些话，人们给了她一阵又一阵热烈的掌声。

颁奖过后，记者围住了哈莉·贝瑞。有人问："您为什么不怕丢丑前来领奖？"

哈莉·贝瑞说："我认为，作为一个演员，不能只听他人的溢美之词，而拒绝接受别人对自己的批评和指责。既然我能参加奥斯卡颁奖典礼并接过小金人，那么我也就应该有勇气去拿金酸莓的奖杯。"

有人问："您将如何保存这个奖杯？"

哈莉·贝瑞举起手中的"最差女主角"奖杯说："我要将它放在我的厨房里，我每天都会面对它。它很有分量，就算全世界的赞扬和恭维像飓风一样袭来，只要看它一眼，我就不会被吹到云彩上面去。在许多人赞扬和恭维的时候，批评和指责的声音是最珍贵的，因为它使人清醒，让人不会头脑发热到找不到自己，所以我一直将批评和指责当作最珍贵的财富。"

当有人请她签名留言的时候，她写下了小时候妈妈千叮咛万嘱咐的一句话："如果不能做一个好的失败者，也就不能做一个好的成功者。"

有些时候，我们费尽了心思，想让更多的人对自己满意，活得战战兢兢，唯恐别人对我们不满意，但即便是这样，还会有人对我们不满意，我们又为此而伤神，结果弄得自己身心疲惫。

生活中有太多心思敏感的女人，别人无意间的一句话、无意间的一个眼神、无意间的一个动作，都会让她的心荡起涟漪，久久不能平静。更有心思过重的女人，别人稍有不满的言辞，就让她在心里结了"疙瘩"，怎么也解不开，非要找个什么途径，证实自己不是别人所想的那样，才会觉得舒服一点。

其实，大可不必这样。你的价值，不能由他人来评定和证实，不管在什么环境下，只要你坚信自己是对的、好的，那就行了。因为，无论别人怎样说，你依然还得做自己，不是吗？生活是自己的，你有权利选择想要的生活方式。按照自己喜欢的、舒适的方式生活，摆脱心灵的"枷锁"，你才能拥有真正的幸福。

纽约一所中学为了给贫困学生募捐，决定排演一出名为《圣诞前夜》的话剧。9岁的凯瑟琳很幸运地被老师选中扮演剧中的公主。接连几周，母亲都煞费苦心地跟她一道练习台词。可是，无论她在家里表现得多么自如，一站到舞台上，她头脑里的词句就全没了影踪。最后，老师只好让别人替换了她。老师告诉凯瑟琳，自己为这出戏补写了一个旁白者的角色，请凯瑟琳调换一下角色。虽然老师的语气挺亲切委婉，但还是深深地刺痛了凯瑟琳——尤其是看到自己的角色让给另一个女孩的时候。

那天凯瑟琳回家吃午饭时，没把发生的事情告诉母亲。然而，细心的母亲却察觉到她的不安，母亲没有再提议练台词，而是问她是否想到院子里走走。

那是一个明媚的春日，棚架上的蔷薇藤正泛出亮丽的新绿。凯瑟琳无意中瞥见母亲在一棵蒲公英前弯下腰。"我想我得把这些杂草统统拔掉，"母亲说着，用力将它们连根拔起，"从现在起，咱们这院子里就只有蔷薇了。"

"可我喜欢蒲公英，"凯瑟琳抗议道，"所有的花儿都是美丽的，哪怕是蒲公英！"

母亲微笑着打量着她，"对呀，每一朵花儿都以自己的风姿给人愉悦，不是吗？"

凯瑟琳点点头，高兴自己战胜了母亲。

"对所有人来说也是如此，"母亲又补充道，"不可能人人都当公主，当不了公主并不值得羞愧。"

凯瑟琳知道母亲猜到了自己的痛苦，她一边告诉母亲发生了什么事，一边失声哭泣起来。母亲听后释然一笑。

"但是，你将成为一个出色的旁白者，"母亲拥抱着她说，"旁白者的角色跟公主的角色一样重要。"

在现实生活和工作当中，不管我们做什么事情，做得多么优秀，都不可能让所有的人满意，如果要使自己摆脱困境，或减小压力，争取更多的赞同，就要根据不同的情况采取不同的措施。

有些时候我们会抱怨，不管我们多么努力，行为多么正确，自我反省多么深刻，都永远达不到所有人对自己的要求。世界是这么大，社会是这么复杂，人的思想观点各不相同，要企求所有人一致赞同一件事，简直是难于上青天。这时候，我们应该学会避重就轻，既然不能让所有人满意，那么我们不如把观念转变，转而让那些欣赏我们的人满意，这样就行了。因为世上的人太多了，观念各不相同，也许在一些人眼里是美的事物，而在另一些人的眼里就是丑的。"女为悦己者容"，为那些欣赏我们的人而活，不去奢求让所有的人都对我们满意，不失为一种积极的人生态度。

人，这里是集团的私家花园，按规定只有集团员工才能进来。"

"那当然，我是'巨象集团'所属的一家公司的部门经理，就在这座大厦里工作！"中年女人高傲地说道，同时掏出一张证件朝老人晃了晃。

"我能借你的手机用一下吗？"老人沉默了一会儿说。

中年女人极不情愿地把手机递给老人，同时又不失时机地开导儿子："你看这些穷人，这么大年纪了连手机也买不起。你今后一定要努力啊！"

老人打完电话后把手机还给了中年女人。很快一名男子匆匆走过来，恭恭敬敬地站在老人面前。老人对来人说："我现在提议免去这位女士在'巨象集团'的职务！""是，我立刻按您的指示去办！"那人连声应道。

老人吩咐完后径直朝小男孩走去，他伸手抚摸了一下男孩的头，意味深长地说："我希望你明白，在这世界上最重要的是要学会尊重每一个人……"说完，老人撇下三人缓缓而去。

中年女人被眼前骤然发生的事情惊呆了。她认识那名男子，他是"巨象集团"主管任免各级员工的一个高级职员。"你……你怎么会对这个老园工那么恭敬呢？"她大惑不解地问。

"你说什么？老园工？他是集团总裁詹姆斯先生！"中年女人一下子瘫坐在长椅上。

有一句话说得好：再伟大的人也没有资格去轻视另外一个人。那些轻视他人的人本身就是肤浅的，肤浅到以为自己就是真理，以为自己高人一等。殊不知，不是别人不够好，而是你没有看到别人的闪光点。

搬到新大院的她，不小心打碎了一件从景德镇带回来的陶瓷，心里很不痛快。这时，有个戴着旧草帽的人，手里握着一杆秤，拎着两个纤维袋，走到了她的门口。她看对方是收废品的，就没好气地嘟囔了两句，说少来凑热闹，然后狠狠地关上了门。

第二天中午，她做饭的时候，门铃响了。打开门一看，又是那个收废品的人。她还没开口，对方就冲着她笑，说道："我又来了，有什么不要的东西，卖给我吧。"

她心里很窝火，很想破口大骂，可为了保持形象和风度，她忍住了，只是喊来丈夫说："有什么不要的旧杂志报纸，卖了吧。"之后，她又回到了厨房。

几天之后，她突然想起，自己搬家的时候，好像把一张旧版的人民币夹在一本旧书里了。那张纸币，是她费了很多心血才收集来的。她翻遍了家里的抽屉和书架，都没找到。她想了想，唯一的可能就是被当成破烂卖给了那个收废品的人了，她想要回那张纸币，可想到自己对他的那个态度，她心里很慌。丈夫安慰她说，试试吧，人家也是本分的人。

她以前实在不想看见那个收废品的人，现在却巴不得他的身影快点出现。可是，一连几天，收废品的人竟然都没有来。她想，他怎么可能来呢？如果他知道那里有张纸币，肯定担心我会问他。

一天中午，她在厨房做饭，门铃响了。收废品的人，主动找到了她。没等她开口，他就递给她一本书，里面夹着她辛苦收集来的那张纸币。他说："我前几天回老家了，回来整理废品时发现了这个，就给你送过来了。"

她不知道该说什么好，看着眼前这位老人，心里涌起了莫名的感动。她明白了一件事，真的不能轻视任何一个人。就拿眼前这位收废品的老人来说，他穿得不好，形象也不好，可他的人格却是许多人无法比拟的。人的高尚与尊严，不能用地位的尊卑来衡量。她无法为这位老人做什么，唯一的报答方式，就是每天把单位的废旧报纸和家里的废品收好了，等他来的时候交给他。

没有谁是完美的，当我们在别人身上发现瑕疵的时候，往往也正是自己暴露缺点的时候。没有置身于当事人的立场，感受不到对方的心情，就主观地评头论足，其实也是一种苛刻和浅薄。所以，千万不要轻视别人。

❋ ❋ ❋ ❋

别人怎么对待你，其实是由你决定的

有人说："生活是一面镜子，你对它笑，它也会对你笑。"他人也是一面镜子，你对他笑，他就会对你笑。与其斤斤计较，以冷漠对冷漠，不如笑对他人，让别人因为你的笑而收回冷漠，示你以微笑。

暖暖毕业于一所不起眼的三流专科大学，不过凭借英语专业八级以及计算机三级的证书，她还是被本市一家较为出名的公司录用了。

公司里人才济济，多数毕业于名校，暖暖一进公司就觉得自己实在是不起眼得很。暖暖性格本就内向，上班半个月了，她就只和HR以及本部门的一两个同事说过话。至于其他部门的同事，尤其是行政部的经理，暖暖总觉得他们对自己都很冷漠，甚至有些瞧不起自己。所以，她总是不开心，人前人后总是一副愁眉苦脸的样子。

后来，暖暖觉得公司里的人越来越不喜欢和自己说话，吃饭时也没人主动和自己坐在一个餐桌上。暖暖难过极了，甚至有了辞职不干的打算。

怀着抑郁的心情，暖暖继续上班。有一天早晨，她出门早了，不料竟在公司电梯里遇到了行政部的王经理。电梯里空间不大，但单独和王经理站在一起，暖暖觉得四周空旷极了，王经理的脸色也比平时严肃了很多。

面对电梯中能清晰印出人影的墙壁，暖暖觉得自己的面部表情实在太难看了，就好像别人欠自己一万块钱似的。猛然间她意识到什么，便松弛开僵硬的表情，换上一副笑脸，缓缓转身，跟王经理友好地打招呼："原来是王经理，您早啊。"

很快，王经理脸上也绽放出一个和蔼的微笑，并向暖暖点头："你早啊，新来的吧，记得在市场部见过你。"于是，两个人在电梯里进行了一段短暂却友好的谈话。

回到座位上后，暖暖的心情豁然开朗，她突然明白了，并不是别人有意对自己冷漠，也不是别人看不起自己，是自己太冷漠了，总不愿意先对别人笑。于是，在这一天里，暖暖总是笑呵呵的，在行政部拿资料，去财务处送收据时也不时开两句玩笑。一天下来，暖暖感觉到，同事们对她的态度明显热情多了。

上例中，起初，暖暖只看到别人对自己的态度，而没有注意到自己对别人的态度，从而自卑的她觉得大家对她有意见，瞧不起她，而事实上，是她那副冷冰冰的态度让同事们对她敬而远之。所以，在她及时改变自己的态度后，同事们也收回冷漠，对她热情起来了。

有个成语叫"礼尚往来"，友好的态度和善意的微笑就是一种珍贵的礼物，当你把这份礼物送给别人，你也会收到同样的礼物。

看，当我们主动善意地对待别人的时候，我们不但可以得到别人回馈的好处，而且还拥有了良好的人际关系，收获了幸福的人生，这不是收获更多吗？那么，我们主动对别人付出又算得了什么呢？

在交际的过程中，总是有人抱怨别人对自己不够好，别人不肯为自己付出。但是，当我们在抱怨的时候，为什么不冷静下来好好想一想，我们对别人够好吗？我们对别人又付出了多少呢？

要知道，付出和回报是成正比的，付出多少相应地就会有多少回报。当我们希望别人怎么对待自己时，首先我们要那样对待别人。要记住：别人怎么对待你，其实是由你自己决定的。

❀❀❀❀

多反省自己，少苛责他人

每一个人都需要站在他人的角度看问题。只有换位思考、将心比心，才能够真正了解其所思所想。不能将自己的喜好强加在他人身上，也不能依照自己的喜好来评判他人。

在对某个人做出评价之前，你应先站在他的角度想一想：如果是我自己处于那样的环境下，我会怎么选择呢？会不会也是这样的呢？这样想过之后也许就能理解他为什么会那样做了。

齐敏是个各方面素质都不差的年轻人，可在公司混迹了多年，仍然是个小主任，和同事的关系也不怎么融洽。她对此感到很苦恼，但又找不到原因。

早上，刚刚起床的齐敏坐在桌前吃着妈妈给她做的早餐。

“你能不能每天换点花样？每天都是面包、鸡蛋和牛奶，吃得我都想吐了！”她跟妈妈抱怨道。

“早餐能有什么花样呢？你说说看，明天帮你换。”妈妈显得有点委屈。

“凭什么让我说？每天都吃一样的，谁受得了！”

“为了让你喝口热牛奶你知道我很早就得起床吗？我一会儿还得去陪你爸爸去医院检查。你以为做早点那么简单！”

她的不满终于招来了妈妈的反击。她也没敢再说什么，把没吃完的面包扔在盘子里，气哄哄地摔门出去了。

"你明天自己去买吧！"她走后，妈妈赌气地自言自语道。

走在上班的路上，齐敏的气似乎还没有消，她觉得自己太不顺了，连吃个早餐都不轻松。刚到公司门口，她就看到一个送快递的小伙子向她跑来。

"对不起，您这次的包裹送得有些晚了，最近南方的天气不好，很多航班都过不来……"小伙子向齐敏解释原因并道歉。

"那我不管，天气的问题是你们的事情，作为顾客，我不能接受你们这样的解释。"齐敏终于找到了"出气筒"。

"对不起，对不起，其实您想想，以前我们每次都能按时把快件送到您的面前，这次真的是太意外了。我们服务可能有不周到的地方，希望您能够谅解。"小伙子的态度始终保持得很好。

"不行，凭什么不能按时送到，你们必须对此负责，不然我就去投诉！"

小伙子觉得齐敏火气很大，就没再说什么，灰溜溜地离开了。虽然齐敏嘴上说投诉，可也只是为了让自己的心里痛快一点，谁会为这点小事给自己添麻烦呢？何况这次自己买的本来就是些无关紧要的书籍。

可能是因为刚发了一顿脾气，齐敏的心情稍微有些好转，可当她看到工位的地上那被浸湿的文件时，一股怒气再次冲上心头。

"这是谁干的？怎么把我的文件弄湿了！"她在办公室里吼道。

做卫生的阿姨赶忙跑过来，连声道歉："对不起，对不起，可能是我刚才擦地没注意，看这事弄的，要不我帮您再打印一份？"

"你说打印就打印，你知道这文件重要不重要？公司为此受到损失你能负责吗？什么素质，擦地不注意地面上有没有东西啊，一会儿就去找你们领导！"她一边说，一边翻开文件，这是她的下属交给他的一份报告。刚看了几眼，她就把报告摔在了下属的办公桌上。

"难怪这东西会被弄脏，你写的这是什么玩意儿啊，咱公司的员工就写出这种东西，我都觉得丢人！"她毫不留情地指责着自己的下属，其实这个女孩也刚进入公司不久。

听了她的训斥，女孩惭愧地低下了头，"对不起，主任，这其实是我通宵赶出来的，我真的尽力了。"

"尽力就完了？撕了重写！不像话，不像话！"她发现周围的同事都在不满地望着自己，所以也就没继续往下说，而此时那个女孩早已是泣不成声了。

有人说，欠下的债，早晚都要还的。果不其然，第二天一早，齐敏没有了早点吃，只好饿着肚子走出了家门。当她走进办公室的时候，看到办公室的地面一如既往地干净明亮，唯有她的办公桌附近的地面没有被擦拭过，纸篓里的垃圾也没有被倒掉。正在她为此感到愤怒的时候，她突然想到一份对自己很重要的合同一直没有收到，可据客户说已经寄出来好几天了，是快递没有送到还是被别的同事拿去了？于是她站起身大声喊道："谁看到客户寄来的那份合同了？"她发现其他的同事就像是没有听到她的问询，依然在忙着自己的事情。她很失落地坐在了椅子上。

现实生活中，有些人人际关系很差，往往是因为他们太主观、太自我了，只考虑自己的感受和需求，只想索取，不想付出。假如他们能够站在对方的角度思考问题，多反省自己，少苛责别人，善于关注、理解、接纳别人的感受和需求，那么一定会拥有良好的人际关系。

电影《母女变错身》中讲述了这么一个故事：

单身母亲苔丝·科尔曼与15岁的女儿安娜对彼此的事情都非常看不惯，她们好像在任何时间、任何地点、针对任何事情都能够展开争执。母亲不理解女儿的高中生活，女儿也不明白，做医生的母亲到底担负着怎样的责任。

母女之间的不解与怨恨在不断地加深，矛盾也在不断地激化。有一天早上，两人又大吵了起来，认为对方在生活中的表现根本没有达到自己的期望。在安娜眼中，苔丝根本就是一个不合格的母亲，她很固执，不理解自己的音乐爱好，更不懂得自己欣赏男孩的眼光；在苔丝眼中，女儿的生活根本就不正常，一个小女孩却单单喜欢摇滚乐，而且竟然与一个看上去流里流气的长发男孩搞暧昧。母女二人都认为：对方生活中的表现让自己非常不满意，如果有相同的情况让自己应对的话，自己肯定能够轻松搞定，生活得更加潇洒，而不是如同现在这样，将生活搞得一团糟。

于是，在13号的"黑色星期五"，唐人街的一家餐馆中，两人吃下了一块神秘的幸运饼干。在这块饼干的作用之下，妈妈竟然跑入了女儿的身体中，而女儿则变成了妈妈的样子。这还不算完，就在这个星期六，苔丝就要嫁给自己心爱的男人，再做新妇了，她当然不想错过自己的婚礼。而女儿也不想在稀里糊涂间成为继父的新娘，这一切都超过了她的想象。

在交换了彼此的身体之后，女儿才了解到，母亲的生活原来充满了各种困难，她能够把工作、家庭协调到如此的程度，已经表明了她是一个杰出的母亲；而当母亲成为女儿后，她才发现，原来时代早已不同，自己以往在学校的处世规则已完全不适用，孩子的世界是自己从来不曾理解过的。

达成了这样的共识之后，转眼就到了女儿上台表演的时刻，妈妈不得不拿起自己一向厌恶的电吉他，扮演起女儿的角色。在一连串的搞笑事件发生之后，两人终于回到了自己的身体。一番身与心的交换，让她们明白了彼此的生活到底是怎样的，而以往的自己对这些明显了解得不多。

交换身体的经历让母女俩明白了这样的事实：用眼睛看到的并不代表自己已经了解，更重要的是用心灵倾听。

立场不同、所处环境不同的人，是很难了解对方的感受的。因此，对他人的失意、挫折和伤痛，我们应进行换位思考，以一颗宽容的心去了解、关心他人。

"你希望别人怎样待你，你就该怎样对待别人"，你要想赢得别人的喜欢和尊敬，就必须做到换位思考。一个人如果不会换位思考，就永远走不出以自我为中心的"怪圈"。多些理解，多些宽容，多些乐观，人在生活中就会多些快乐和幸福。

第三章

豁达大度，通情达理的女人不"较真"

＊ ＊ ＊ ＊

微笑着原谅，是善待自己的"良方"

热带海洋里生活着一种名为紫斑鱼的生物，浑身长满了针尖似的毒刺。紫斑鱼的奇异之处，恰恰就在这些毒刺上：当它攻击其他鱼类的时候，就像是带着仇恨一般，异常愤怒。这时，它的刺会变得很坚硬，且毒性大增，对受攻击的鱼类造成的伤害也就很深。

从紫斑鱼的生理机能上看，它的寿命应该有七岁或八岁。然而，现实中的紫斑鱼，往往都活不过两岁。短寿的罪魁祸首，竟然出在它的毒刺上。它越是愤怒，越是满怀仇恨，毒刺攻击得越狠，对其他鱼类和自己的伤害就越深。这种愤恨的怒火，让它的五脏六腑跟着一起灼烧，在烧毁别人的同时，也毁了自己。

世间万物，被自己所伤、被自己所困、被自己所毁的，又岂止是紫斑鱼呢？人也是这样！

女人这辈子，总会遇到一些给自己带来刻骨伤痛的人，或许是昔日的恋人，或许是曾经的挚友，或许是只有一面之缘的陌生人。但无论对方是无心伤害，还是有意为之，都不要背负着仇恨生活。在仇恨的岁月里，无时无刻不被怒火灼伤的，其实是自己的心。

两个好动的少年到加州的一个林场里玩，恶作剧地点燃了那片丛林。他们想象着消防警察们灭火时的慌乱和焦灼，得意万分。但万万没有想到的是，因为他们的恶作剧，一名消防警察在救火的时候不幸牺牲了。

　　牺牲的警察才22岁。他是在全力以赴地履行自己的职责时，被浓烟熏倒后烧死在丛林里的。更让人伤痛的是，他早年就没有了父亲，由母亲独自将他抚养长大。而这正是他参加工作后的第一周，甚至连第一次薪水都还没领到……

　　在查明这是一起蓄意纵火案后，整座城市的人都愤怒了，市长表示一定要将罪犯抓捕归案，让他们接受严厉的惩罚。警察开始四处追捕，那两名被列为嫌疑人的少年的照片也开始出现在各个地方。这一切让两个少年始料未及，他们听着来自四面八方的愤怒声音，陷入深深的悔恨、无奈和恐慌之中。

　　除了这两个少年，媒体的目光更多地投放到那位警察的单身母亲身上。但当她说出第一句话时，所有人震惊了。她说："我很伤心地看到我的儿子离开了我，但是我现在只想对制造灾难的两个孩子说几句话——你们现在一定活得很糟糕，很可能生不如死。作为这个世界上最有资格谴责你们的我，我想说，请你们回家吧，家里还有等待你们的父母。只有你们这样做了，我才会和上帝一道宽容你们……"

　　那一刻，所有的人都静默了，没有人想到这位刚刚失去儿子的母亲居然会说出这样的话。更让人们没有想到的是这位母亲发表讲话后的一个小时，在邻城一个小镇的一家旅馆里，两个少年投案自首了。

　　两个少年告诉警察就在那位母亲发表电视讲话的当天下午，

他们因为承受不了这巨大的社会压力而购买了大量安眠药，准备一道离开这个世界。但就在这时，他们从电视里听到了那位母亲的声音。他们顿时泪如雨下，将安眠药丢到一边，拨通了警察局的电话……

如今这两个鲁莽的少年已为人父，他们时常领着自己的孩子去看望那位可敬的母亲，那已经是他们心灵上的另一位母亲。

一个悲剧故事就这样以温馨的结局收尾了。但如果这位母亲当时说出的是另一番话语，那么可想而知，这两条鲜活的生命很可能将从此逝去，"母亲"也就永远陷入了孤寂之中。

宽容，是一种美德。

女作家张小娴说："被恨的人，是没有痛苦的。去恨的人，却是伤痕累累。"一个人如果不肯放下心中的仇恨，是对自己的不负责任，这份恨意会让生活陷入黑暗，会让心灵陷入迷途。女人这一生要经历很多事，要牵挂很多人，要扮演多种角色，太不容易。生活本已够累，若在精神上还不懂得善待自己，舒缓心灵，实在是苦了自己。

一对看起来宛如姐妹的母女在餐馆里点了一份特色蒸鱼，好不容易等来了这道菜，可还没等菜放到桌上，一场小小的意外就发生了。

上菜的女服务员，长得小巧玲珑，看样子年纪不大，做事也不熟练。她捧上蒸鱼时，盘子倾斜了，腥膻的鱼汁淋漓而下，泼洒在那位母亲的名牌皮包上。母亲本能地跳了起来，刚刚还跟女儿有说有笑的脸，一下变得阴沉起来。眼看着，一场"暴风雨"

就要来了。

母亲还没有开口，旁边的女儿便先站了起来，对着女服务员露出一抹温柔的微笑，说道："没事，没事，擦一擦就好了。"女服务员吓坏了，手足无措地盯着那位母亲的皮包，嘴里嗫嚅地说："对不起，对不起，我不是故意的，我去拿一条干净的毛巾……"女儿却说："没事，你去做事吧！真的没关系。"她的口气温婉柔和，倒像是她给别人惹了麻烦一样。

母亲瞪着女儿，觉得自己就像是一只快要爆炸的气球。她实在不明白，女儿怎么会这么大方。女儿平静地看着母亲，什么都没说。餐馆的灯光很是明亮，母亲突然发现，女儿黑亮的眼眸里，竟然镀着一层薄薄的泪光。这餐晚饭，两个人吃得很沉闷。

回到家后，母女两人坐在沙发上。这时，女儿突然跟母亲讲起了她在英国留学时的事。大学毕业后，她顺利考入英国一所大学读研究生。为了锻炼她的独立性，母亲在假期里没让她回国，而是让她自己策划背包旅行，或者尝试一下兼职打工的滋味。在家的时候，她十指不沾阳春水，什么粗工细活都没做过，可到了陌生的国度，她却选择做女服务员来体验生活，而且第一天上班就闯了祸。

她被分配到厨房清洗酒杯。那些漂亮精致的高脚玻璃杯，一只只薄如蝉翼，只要稍稍用点力，就可能分崩离析，变成晶亮的碎片。她战战兢兢，小心谨慎地把一大堆酒杯都洗干净了，正要松口气的时候，不料身子一歪，一个踉跄摔倒在地。更倒霉的是，那些酒杯也被撞倒了，满地全是晶晶亮的碎片。

当时，她有一种堕入"地狱"的感觉。她以为，领班会冲着她吼叫，甚至辞退她。可没想到，领班却不慌不忙地走了过来，搂住了她，问："你没事吧？亲爱的。"接着，便吩咐其他员工把地上的碎片打扫干净。领班连一句责备的话都没有说，这让她的内心充满了感激。

还有一次，她在给客人倒酒的时候，不小心把鲜红的葡萄酒倒在了顾客白色的裙子上。她以为顾客会大发雷霆，却没想到对方反过来安慰自己："没事，酒渍而已，不难洗的。"说完，顾客拍了拍她的肩膀，然后静静地走进了洗手间，一点都不生气，一点都不张扬。

她对母亲说："妈妈，既然别人都能原谅我的过失，我们为什么不能原谅别人呢？那个小姑娘，恐怕年纪还不如我当年大。"

母亲不由得羞愧起来，自己活了五十余载，胸怀竟还不如一个20岁的女孩的宽阔。过去，她给人的印象一直是"厉害"，但凡有人弄脏了她的皮鞋或衣服，她总是喋喋不休，不依不饶。可是今天，优雅宽容的女儿教会了她重要的一课："微笑着原谅，才是真正的高贵。"自那之后，她的性情也变了许多。

一次输液时，实习护士忘了给她做皮试就扎吊瓶，以至于她脸色苍白，浑身抽搐。见此情景，年轻的护士一下慌了神，这让她想起了自己的女儿。她忍着难受，一字一顿地安慰护士："姑娘，别慌，把针头拔掉。"护士这才回过神，迅速地拔了针头。

不管怎么说，这都算得上是一起医疗纠纷，责任很明显。院方的态度很明确，免去一切费用。可她却摆摆手，说："不用了，谁还没有过失的时候。"说这番话的时候，她一脸的宽容。旁边的病友问她："你怎么不生气呢？"她说："小护士也不容易，刚走上社会，若是咱们的女儿，咱们也不忍心她被人责难，不是吗?"

不管他人给你带来的伤害是无心之过,还是有意为之,都不要太放在心上。若总是觉得自己内心憋屈,总是忍不住去记恨别人,那么请你记住:这个世界上,还有人比你经历更多、更大的痛苦,可他们却都可以一笑泯恩仇。

不懂宽恕的女人,永远都在画地为牢。人要排除怨恨的情绪,就得学会慢慢地接受现实,从心底理解和原谅他人。如此,怨恨才会随着时间的推移逐渐淡去。放下了怨恨,你就不会再受负面情绪的困扰;放下了仇恨,你就能变得平和、安详;放下了仇恨,你就能积极向上,充满阳光地对待生活;放下了仇恨,你就能从内心深处散发出一种恬淡、优雅的气质。

❋ ❋ ❋ ❋

"对不起"是种真诚,"没关系"是种风度

生活在大千世界中,每个人都会犯错,再严于律己的人,也有犯错的时候。我们期待别人的原谅,却总是难以原谅那些曾经伤害过自己的人。其实没有人不愿原谅你,也没有人让你终生无法原谅,只是你总是怀抱一颗执拗的心,时刻不愿退让半步。人应学会退让,原谅伤害自己的人,主动向自己伤害过的人道歉,

放下那颗执拗的心，宽以待人。

"二战"中，已经是德国战败、战争即将结束的日子了。在苏联，1944年的一个冬天，饱受战争摧残的莫斯科非常寒冷，苏联俘虏了一批大约两万人的德国战俘，他们排成纵队，从莫斯科大街上依次穿过。

这个时候，天空中飘着大团大团的雪花，气温很低，但马路两边依然挤满了围观的人群。大批苏军士兵和治安警察，在战俘和围观者之间划出了一道警戒线，以防止德军战俘遭到围观群众愤怒的袭击。

这些老少不等的围观者大部分是妇女，她们来自莫斯科及其周围乡村。她们之中每一个人的亲人，或是父亲，或是丈夫，或是兄弟，或是儿子，都在德军所发动的侵略战争中丧生。她们都是战争最直接的受害者，都对悍然入侵的德军怀着满腔刻骨的仇恨。

当大队的德军俘虏出现在妇女们的眼前时，她们全都将双手攥成了愤怒的拳头。呼啸的人群前簇后拥，她们希望挤上前去，哪怕只是靠近一点点，要不是有苏军士兵和警察在前面竭力阻拦，她们一定就冲上去了，她们渴望把这些杀害自己亲人的刽子手撕成碎片。

这些德国俘虏们都低垂着头，胆战心惊地从围观群众的面前缓缓走过。他们这些人中还有很年轻的军人，也许只有十六七岁吧。他们的脸上满是恐惧与无助，他们在愤怒的汪洋之海中穿行，随时都有被仇恨吞噬的危险。他们从内心深处感受到了这种危机。

这个时候，突然，一位上了年纪、穿着破旧的妇女走出了围观的人群。她平静地来到一位警察面前，请求警察允许她走进警戒线去好好地看看这些俘虏。警察看她满脸慈祥，觉得她应该没有什么恶意，便答应了她的请求。于是，她走过警戒线，来到了俘虏们的身边，颤巍巍地从怀里掏出了一个印花布包，打开一层一层的布，里面是一块黝黑的面包。她不好意思地将这块黝黑的面包硬塞到一个疲惫不堪、挂着双拐艰难挪动的年轻俘虏的衣袋里，嘴里还说着："只有这么一点了，真不好意思，你凑合着吃点吧。"

那个年轻的俘虏收到面包后，当时就感动得跪倒在地上，说："对不起，我破坏了你的家园，杀死了你的儿子，我无法弥补我的过错，但是，从此我就是你的儿子，你就是我的妈妈。"

其他战俘受到感染，也接二连三地跪了下来，拼命地向围观的妇女磕头。于是，整个人群中愤怒的气氛一下子改变了。妇女们都被眼前的一幕所深深感动，从四面八方涌向俘虏，把面包、香烟等东西塞给了这些曾经是敌人的战俘。

叶夫图申科在故事的结尾写了这样一句令人深思的话："这位善良的妇女，用宽容化解了众人心中的仇恨，并把爱与和平播种进了所有人的心中。"

通情达理的女人有一颗宽容的心，能包容常人不能忍之事，容凡人所有无法容之人。美国前总统克林顿的妻子希拉里就是这样一个心胸豁达的女人。

希拉里1947年10月26日生于伊利诺伊州最大城市芝加哥的一个富商家庭，充满爱的童年生活奠定了她对家庭、工作忠诚的信念和服务大众的理想。

希拉里1975年10月与克林顿结婚后，进入美国著名的罗斯律师事务所工作，并曾两次当选全美百名杰出律师。随着克林顿1993年入主白宫，希拉里成为美国历史上学历最高的第一夫人。在8年白宫生涯中，希拉里积极参与政事，负责国家医疗保健改革，还推动国会通过国家儿童健康保险项目等。

1998年莱温斯基事件被披露后，当美国甚至全世界的目光都投向克林顿的妻子——希拉里是否会与他离婚时，她选择了忍耐和宽容，并在弹劾总统的关键时刻挽起了丈夫的胳膊，并肩走进媒体的视线。

显然，此举给她带来的是民众的同情和直线上升的支持率。作为一个政治家，她的高度或许已经超过了感情的基础线而上升到政治目的的高度，然而，不是每个人都能做到像希拉里这样：背叛之后还能宽容。

希拉里不仅对自己的丈夫包容，对那些曾经伤害过她的人她也以宽容待之。希拉里曾经出了一本自传类书籍，当一个脱口秀主持人得知后，用极为不屑的语气说："她不可能卖得好，我敢打赌，如果超过一百万本，我把鞋子吃下去。"

希拉里听说后，并没有做任何反驳。但是上天往往喜欢捉弄把话说"绝"的人，希拉里的自传没过几个星期，就热销了一百万本。主持人有话在先，看来他要品尝鞋子的味道了。很多民众在等待着一场好戏的上场。

让人出乎意料的是，主持人的确吃鞋子了。不过，鞋子的质地不同寻常，主持人吃下的是希拉里特意为他定做的鞋子形状的蛋糕。那味道一定棒极了，因为它里面加了一种特殊的调料——

宽容。

宽容是对别人的谅解，也是对自己的考验。为人宽容，我们就能解人之难，补人之过，扬人之长，谅人之短，从而赢得永久的友谊。人要想在社会中活得舒心、自在，就必须抛开计较的狭窄心胸，对于世事多一些豁达大度，笑对人生。

❀ ❀ ❀ ❀

原谅别人的无心伤害

人生路上，每个人都免不了犯一些无心之错。或许，每个人都曾有过这样的体会：当自己无意中犯了错，违背了别人的意愿，打乱了别人的计划，给别人造成了麻烦时，第一反应往往是担心对方大发雷霆、纠缠不休。倘若对方一笑而过，从容地说句没关系，自己心中不免会涌起一种敬畏和欣赏之情，并赞叹对方的气度和修养。

通情达理的女人，在面对别人的无心之失的时候，要时刻谨记"己所不欲，勿施于人"。你不希望看到一张满是怨气的脸，你不希望听到咄咄逼人的声音，那么别人一样也不希望。忍住一时的怒火，报以宽容的微笑，这是一个通情达理的女人所应该做的。

夏日的桑拿天，本就令人憋闷，更令人恼火的是，她刚走出酒店的大门，就重重地摔了一跤。酒店是临街的，一双双眼睛盯着跌倒在地的她，让她顿时感觉颜面全无，恨不得找个地缝钻进去。

她越想越生气，真是丢人呀！她气冲冲地闯进酒店，踏进女老板的办公室，大声嚷道："你们门口的地板太滑了！"

"是吗？"女老板惊讶地问道。

"怎么不是！我滑倒了，摔伤了脚，你们必须送我去医院！"她一边说，一边用手扶着墙。

女老板安静地听她说完，笑着向她道歉，又打电话安排车送她去医院。接着，女老板亲自搀扶她来到车前，拿出一双拖鞋让她换上。在医院检查后，她的脚并无异样，一切正常。女老板对她说："放心吧，没什么异常情况。我送您回酒店休息，喝杯冷饮解解暑。"

看到女老板如此真诚，她不由地有点内疚，解释说："地板刚刚冲过水，很滑，危险，我只是想提醒你注意一下。"接着，她又为自己找了一个"台阶"，说："幸好这次摔倒的是我，若是上了年纪的人，那就麻烦了。"

回到酒店后，女老板的助理把她的鞋送了过来，她发现，鞋子有点异样。女老板说："请不要见怪，我冒昧地请人修了您的鞋子。鞋底磨得有点平了，如果穿着它在楼梯上滑倒，那就太危险了。所以，我就让助理送到外面钉了一个橡胶后跟。说实在的，您是第一位在我们酒店门口滑倒的客人。"

她面带愧色地接过修好的鞋子，不好意思地说："给你们添麻烦了，花了多少钱我给你。"

女老板说："这是我们对您表示的歉意，理所应当由我们来付。"

她心里明白，今天的事都是因为自己的鞋底太滑造成的。这一切，女老板又何尝不知呢？可女老板没有为酒店做任何辩解，那份宽容和真诚实在令她感动。一直以来，她都是傲慢的人，事业有成，穿戴华丽，并不由得产生了一种优越感。此刻，看着眼前不愠不火的女老板，她突然觉得自己实在太肤浅了。

自那以后，她每逢出差都会入住这家酒店，还和那位女老板成了朋友。

人这辈子要活出一个怎样的自己，全在自己的选择。若因个人的得失心潮起伏，因蝇头小利斤斤计较，因鸡毛蒜皮的小事争吵不休，因别人的错误纠缠不放，一个人就算拥有惊艳世俗的美，也不过是流俗之人，会令人望而却步。一个人若能以德报怨，抱着宽容的态度去理解别人，就算彼此间有了矛盾冲突，亦可化干戈为玉帛。宽容的女人，就像是阳光，可以融化别人心中的冰雪，也可以让自己的世界绽放出美丽的鲜花。

伏尔泰说："我们所有人都有缺点和错误，让我们互相原谅彼此的愚蠢，这是自然的第一法则。"宽容不仅象征着成熟，宽容更是一种境界。幼稚的人从来不会宽容，他们偏激、暴怒、盲目行动、"嫉恶如仇"，但他们自己却屡犯不可"宽容"的错误。

宽容不是容忍，因为容忍是一种消极的反抗，其实是暗暗跟自己"过不去"。生活的阅历、生命的体悟，构成了宽容的前提与基础。宽容别人，也是宽容自己，这体现了对人性缺陷的包容和理解，因此，宽容不但是一种成熟，更是一种智慧。

一个人应该心胸宽阔，走出狭隘的自我，以宽容和怜爱的心对待世界，体现出人性的光辉和伟大；如果每个人都以宽容的心胸去对待他人，这个世界将会变成爱的乐园！

❉ ❉ ❉ ❉

与其苛责他人，不如送对方一个微笑

人生于世，难免会与别人产生磕磕碰碰，在这些磕磕碰碰里，有时是我们伤害了别人，有时是别人伤害了我们。当我们伤害了别人时，如果别人能够给予宽容和原谅，我们的内心便能得到安稳，我们就能感知到一种被原谅的欣喜和快乐。当别人伤害了我们时，我们的宽容和原谅一样会带给对方同样的心灵体验。正所谓："一念慈祥，可以酝酿两间和气。"

一个夏天的中午，在一家中式餐厅里，只有稀稀落落的几个人在就餐，餐厅的灯并没有全部打开，所以屋内稍显昏暗。在一个吊扇下的餐桌旁坐着两位食客，一个老人和一个年轻人在各自用餐，年轻人看起来有点心不在焉，眼睛一直盯着老人放在桌上的一款看起来价值不菲的手机。

老人很快吃完了饭，当她侧身避风点烟时，那个年轻人快速将老人放在桌上的手机塞进了自己的上衣口袋里，然后迅速离座，到靠近出口的结账处埋单。

老人点完烟转过头来时，马上发现自己的手机与身旁的年轻人都不见了。也许是紧张，老人的身体微颤了一下，然后她站起身环视了一下餐厅。几个目睹了这一切的食客向老人使了个眼色。

老人看到了那个正在忙着结账的年轻人，她快步走到了年轻人身边。知道事情来龙去脉的食客都在为老人担心，他们认为眼下必将有一番争执，而老人年老体弱，估计很难占得上风。

令人没想到的是，老人走到年轻人身边，坦诚地对他说："小伙子，请你稍等一下。"

众目睽睽之下，那个年轻人稍显紧张地问："怎么了？"

老人说："有个事情我想请你帮我一下。前两日，在我70岁生日时，我的女儿因为怕我有急事联系不上她，就花了一个月的工资买了一款手机送给我作为生日礼物。刚才吃饭的时候，我不小心将它碰到了餐桌底下，我腰椎不好弯不下腰去，所以想请你帮我到餐桌下找找看，可以吗？"

年轻人脸上紧张的表情消散了些，他拿餐巾纸擦了擦额头上的汗珠，说道："哦，原来是这样啊，举手之劳，我这就去帮您找找看，您稍等。"

年轻人走到餐桌旁，沿着桌子找了一圈，然后弯下腰把身体向餐桌下探了探，再起身时手里果然多了一部手机。他来到老人身边，恭敬地把手机递过去："老人家，这是不是您的手机？"

老人接过手机，并紧紧握住了年轻人的手，稍显激动地说：

"还是好人多啊，真的非常感谢你！小伙子，你真不错！"

那几位在为老人的处境感到不安的食客，看着眼前的这出戏，不禁目瞪口呆。老人又坐回座位，这时，一位食客移座到老人身边，问道："我们已经告知你是他偷了你的手机，你怎么不报警呢？如果刚才他不还你怎么办？"

老人深吸一口气说："是啊，报警后我一定能够把手机找回来，可是，我也葬送了一个年华似锦的年轻人啊，与其那样，我宁愿选择给他一个机会。"

人非圣贤，孰能无过。与人相处应该互相谅解，经常以"难得糊涂"自勉，求"大同"存"小异"，有胆量，能容人，这样你就会有许多朋友，左右逢源，诸事遂愿；相反，如果你"明察秋毫"，眼里不揉半点沙子，过分挑剔，什么鸡毛蒜皮的小事都要争个是非曲直，容不得人，那么人家也会躲你远远的，最后，你只能关起门来"称孤道寡"，踽踽独行。

宽容是一种胸怀。宽容不是纵容，而是理性的容忍。宽容包含友爱、平等，不把自己的意志强加于人，对他人所处的具体环境、客观原因以及所产生的影响等各方面进行合理的考虑，并给予一定的谅解。以平和的心态与他人建立关系，以宽容的态度与他人相处，这是人生修养的一种高境界。

一天中午，埃德蒙太太刚到门口，就听见楼上的卧室有轻微的响声，那种响声对于她来说太熟悉了，是小提琴的声音。

"有小偷！"埃德蒙太太一步冲上楼，果然，一个大约13岁的陌生少年正在那里摆弄小提琴。

那个少年头发蓬乱，脸庞瘦削，不合身的外套里面好像塞了些东西。毫无疑问，他是一个小偷。埃德蒙太太挡在了门口。少年听见响动转过身来，眼里充满了惶恐、胆怯和绝望。

　　两人僵持了一会，埃德蒙太太忽然微笑了，她问道："哦，你是丹尼尔太太的外甥吧！我是她的管家。前两天，丹尼尔太太说你要来，没想到来得这么快！"

　　那个少年先是一愣，但很快就回应说："我舅妈出门了吗？我想先出去转转，待会儿再回来。"埃德蒙太太点点头，然后问那个正准备将小提琴放下的少年："你也喜欢拉小提琴吗？"

　　"是的，但拉得不好。"少年回答。

　　"那为什么不拿着琴去练习一下呢？我想丹尼尔太太一定很高兴听到你的琴声。"埃德蒙太太语气平缓地说。

　　少年将信将疑地从埃德蒙太太手里接过了小提琴，突然，他看见墙上挂着一张埃德蒙太太在歌德大剧院演出的巨幅彩照。少年的身体不由猛然抖了一下，然后他头也不回地跑远了。

　　埃德蒙太太确信那个少年已经明白是怎么回事，因为没有哪一位主人会用管家的照片来装饰客厅。

　　那天黄昏，回到家的埃德蒙先生察觉到妻子的小提琴不见了，忍不住问起。

　　"我把它送人了。"埃德蒙太太缓缓地说道。

　　"送人？怎么可能！你把它当成了你生命中不可缺少的一部分。"埃德蒙先生有些不相信。

　　"亲爱的，你说得没错。但如果它能够拯救一个迷途的灵魂，我情愿这样做。"埃德蒙太太笑了，讲述了事情的经过，丈夫不由对妻子的心胸表示赞赏。

三年后，在一次音乐大赛中，埃德蒙太太应邀担任决赛的评委。最后，一位叫里特的小提琴选手凭借雄厚的实力夺得了第一名！评判时，她一直觉得里特似曾相识，但又想不起在哪里见过。颁奖大会结束后，里特拿着一只小提琴匣子跑到埃德蒙太太的面前，脸色绯红地问："您还记得我吗？"

埃德蒙太太摇摇头。

"您曾经送过我一把小提琴，我一直珍藏着，终于有了今天！"里特热泪盈眶地说，"那时候，几乎每一个人都把我当成'垃圾'，我也以为自己彻底完了，是您让我在贫穷和苦难中重新拾起了自尊，心中再次燃起了改变逆境的熊熊烈火！今天，我可以无愧地将这把小提琴还给您了……"

里特含泪打开琴匣，埃德蒙太太一眼就认出自己的那把阿马提小提琴，它正静静地躺在里面。她走上前紧紧地搂住了里特，眼睛湿润了。

原谅是一种选择，宽容是一种风度。给别人一点宽容，将使人重新获取新生的勇气，去直面人生中的另一个幸福时刻。当别人做错事的时候，巧妙地宽容对方往往是最好的处理方法。因为，宽容是一种力量，这种力量可以将邪恶的阴霾驱散，唤回真挚的善良，甚至改变一个人。

※ ※ ※ ※

怨恨的火焰，只会灼伤自己的心

当你内心产生仇恨的念头的时候，第一个受害者不是别人，而往往是你自己。当心灵被仇恨所束缚，仇恨占据了你生活的全部的时候，你还会有自己的梦想吗？你还会想到自己来这个世界的目的吗？你是甘愿当一个复仇的工具，还是去实现自己的人生价值，享受生活给予你的恩赐呢？

有这样一个寓言故事：

女人跟河对岸住着的男人相恋了，他们月下明志，互托终身，发誓永不相负。他们如愿以偿地结了婚，过着幸福甜蜜的生活。可是三年以后，他们离了婚，因为他们性格不合，总是吵架。

离婚前，女人哭着说不想离婚，可是男人说："我们吵吵合合，你不觉得累吗？你是个很好的女人，只是我们性格太合不来了。分开对彼此都好。"

在男人的坚持下，两个人还是离婚了。女人很痛苦，觉得男人负了她，心生怨恨。一年以后，男人又找了一个心爱的人，准备结婚了。

得知这个消息后，女人更加痛恨男人，她决定用一种很极端的方式对男人进行报复——在他结婚那天自杀。

当男人迎娶美娇娘时，女人孤独地在家里自杀了。她死后，灵魂来到上帝面前。

上帝对她说："由于你上辈子做了不少好事，下辈子还可以投胎做人，这是难得的福气。"

女人望了望人间的景象，她看到那个男人并没有因为她的死去而悲伤，依然和他的新妻子卿卿我我。女人更加怨恨了，对上帝说："不，我不要投胎做人！"

"那你想做什么呢？"上帝好奇地问。

"我要在那个男人门前的河里做一棵水草！"女人斩钉截铁地说。

谁也不明白她为什么要做一棵水草，上帝拗不过她，只得一挥手，让她转世为一棵水草。

就这样，变成水草的女人生长在男人门前的河里，每天看着他与妻子出双入对，恨得咬牙切齿。

有一天，男人的妻子想吃鱼，便撒娇让男人下河抓鱼。男人一口应允，下河为爱妻抓鱼。

化身为水草的女人终于等来了这一刻，她用长长的身体紧紧地缠住男人，拼命地把他拉向水底。男人奋力挣扎，可是怎么也摆不脱缠在腿上的水草，一点点地沉下去。

"我恨不得你死！"女人在心底咬牙切齿地说，可就在男人濒临死亡的那一刻，女人感应到了他心里的话，他在心里想："我马上就要死了，不能再活着照顾爱妻了。不过我死了以后说不定可以见到已经死去的前妻，能去陪伴她也是好的，也不知道她还恨不恨我了……"

化作水草的女人心中一酸，放开了男人，并把他向水面上托去。男人顷刻间从死亡线上转了一圈。

看着男人与妻子相拥而泣，化作水草的女人突然不再恨他了，她意识到男人并没有对不起她，只是她自己被恨的怨念缠住了。

当女人不再怨恨时，她的心变得平静，每天恬静地住在水底，欣赏着岸上的风光，再也不感到痛苦了。

水草的生命也是有限的，当水草死去后，她再一次来到了天堂。

"这次你想投胎到哪里呢？"上帝问女人。

女人想了想说："那就让我变成您的使者去人间吧，我希望让所有的人消除怨恨，不再痛苦。"

于是，女人到人间周游世界，去帮助开解那些像前世的她那样心存怨恨的人。

放下仇恨，原谅他人，让自己多一分轻松，对方也会多一分感动和感激，正可谓"人心不是靠武力征服，而是靠爱征服的"。一个人如果连仇恨都可以放下，那么他还有什么不能放下呢？生活中没有任何烦恼能够囚困其内心，如此他也就能轻松获得从容与安然。

1997年夏天，一位年近60岁的黑人妇女，带着随从，急匆匆地走在一条由利比里亚通往几内亚的路上。离天黑还有几个小时，他们还可以赶不少路程，可是这位妇女决定停下来。

前面不远处有个村落，有四五户人家。这里有两户她永远不能忘记的家庭。一个家庭的孩子曾经是她的贴身护卫，而另一个家庭的孩子则曾经暗杀过她。这里曾经发生了令她终生难忘的一幕。

那还是13年前的事。那一天，当她带着随从靠近这个村落的时候，她的贴身护卫维撒高兴地在前面带路。小伙子告诉她，他的家乡到了，他的父母一定非常欢迎她的到来，并盛情款待他们。她那时不满50岁，身体结实。一听这话，她的脸上立刻绽放出笑容。连日奔波使他们看上去非常疲惫，需要充足的睡眠和给养。她抬眼看见前面的村落，虽然整个国家动荡不安，可这个村落依然是一副和平的样子，房屋低矮，但整洁干净，四周绿树葱茏，枝繁叶茂，一派欣欣向荣的景象。

就在他们靠近村庄的时候，一棵大树后面响起了枪声，有子弹向她射来。训练有素的维撒猛地把她扑倒，她获救了，子弹却夺去了维撒年轻的生命。后来她发现，开枪的是维撒的邻居，一个叫阿撒的年轻人。

13年后的今天，当她走进维撒的家时，维撒的妈妈正从家里扛着一袋粮食往外走，看见儿子从前的上司，她显得非常高兴，立即停住脚步跟她热情拥抱，并将他们让到屋子里，倒水，拿水果。一切安顿好，这位年迈的老妈妈又扛起那袋粮食出门了。她问老妈妈去哪里，老妈妈回答：去给阿撒的妈妈送粮食，阿撒开了黑枪逃走后，13年来杳无音信，阿撒独身的妈妈年老体弱，家里已揭不开锅……她不禁提醒这位善良的老妈妈："他们不是我们的敌人吗？"老妈妈的回答再次让她吃惊："那都过去了，以怨报怨，只能增加更多的仇恨。"

那一刻，她的心灵震撼了：每一次走在流亡路上，她都在想，有朝一日她将卷土重来，打败她的政敌，重新获得权力，使曾经让她饱尝艰辛的人尝到复仇的厉害。现在，这位老妈妈的

话，深深地教育了她，让她再次接受了智慧的启迪——以仇恨面对仇恨，对立的双方将永远无法摆脱仇恨。饱经战乱的利比里亚需要的不是仇恨，更不是战争，他们需要的是宽容，宽容能化解矛盾，消除隔阂，获得理解，并赢得民众的支持。

从那以后，她不但以宽容的姿态来面对过去的对手，面对各种纷繁复杂的事务，而且号召人们忘掉仇恨，以宽容和解、治愈历史的创伤。她赢得了利比里亚人民的理解和支持，通过民选，登上了总统宝座。

她就是于2006年1月16日宣誓就职的利比里亚女总统埃伦·约翰逊·瑟利夫，这位68岁的非洲女性，是利比里亚1847年建国以来，也是非洲大陆有史以来的第一位民选女总统。

瑟利夫以她的智慧和魄力，在非洲政坛写下了不平凡的一章，也为这个亟须宽容的世界写下了浓墨重彩的一笔。

宽恕别人对我们来说可以很难，也可以很容易，关键在于我们的心灵如何进行选择。当一个人选择了仇恨，那么他将在黑暗中度过余生；而如果一个人选择了宽恕的话，那么他将让阳光洒向大地。当我们的心灵为自己选择了宽恕的时候，我们会获得应有的自由。放下仇恨的"包袱"吧，无论是面对朋友还是面对仇人，我们都应该能够赠以甜美的微笑。

做一个心胸开阔的女人吧。就如一位名人所说，心灵就如同一个容器，当爱越来越多的时候，仇恨就会被挤出去。只要不断用爱来充满内心，仇恨就没有容身之处。如果你用宽容的心态去对待生活，生活给予你的将是欢畅、真实和美好。

人生如此美丽，放下仇恨的"包袱"，带着宽容上路吧。

✽ ✽ ✽ ✽

原谅自己，淡看曾经犯过的错

与爱相比，所有的错误，所有的误会，所有的纠结，又算什么？谁的人生不是沟沟坎坎？谁的人生又是一帆风顺？给自己一个理由，原谅别人的同时，也别忘了原谅自己。生活还在继续，犯错后，难过后，人要懂得适时原谅自己，这样才有勇气去闯荡，去用心拥抱世界，去用长茧的双手摘下星辰。

美国作家阿尔伯特·哈伯德在《你不必完美》一文中，讲述过这样一件事：

因为在孩子们面前犯了一个错误，他心里非常内疚。他害怕自己在孩子们心目中的美好形象被摧毁，害怕孩子们不再爱戴他、尊重他，因此一直不愿意主动认错。

心灵的煎熬，一天又一天地折磨着他。终于有一天，他忍不住了，主动找孩子们承认了错误。结果，他惊喜地发现，孩子们并没有因此而嫌弃他，反倒比以前更爱他了。他由此发出感叹：人类所能犯的最大的错误，就是害怕犯错误。人犯错是在所难免的，经常会有些过失的人往往是可爱的，没有人期待你是"圣人"。

生活中，纠结的何止哈伯德一人呢？

很多人曾有过类似的感受：做一件事时，但凡出了一点很小的错误，都会夸张地认为整件事情都做错了，且不愿面对自己已经犯下的错误，害怕这个错误会破坏自己的好形象。更有甚者，做事之前总是犹豫不决，拖延怠倦，前怕狼后怕虎，好不容易做完了，又生怕有什么疏漏和错误。他们希望事事都能够顺遂，没有任何意外。但事实上我们都知道，计划赶不上变化。

其实，错了就错了，人都会犯错，知错能改，善莫大焉，有什么大不了的呢？就像哈伯德讲述的自己的那段经历一样，你承认错误，没有人会嘲笑你，反而会觉得你诚实、诚恳，犯错并不是不可饶恕的罪过。相反，你越是想逃避，越是不敢面对，越是怕损害自己的完美形象，往往才越让人觉得你不可理喻、不明事理。

萧霖悦进入公司刚刚一年，因为表现优秀，很受领导器重。她暗下决心一定要做出一番成绩来。一次，上级领导要她负责一个企划案，为一个重要的会议做准备，还透露说如果这个企划案能赢得客户的认可，她将有可能被调到总公司担任更重要的职务。对萧霖悦来说，这是个千载难逢的机会。她非常卖力，每天都熬夜准备这份企划案。

可是，到了召开会议的那天，萧霖悦由于过度紧张，出现了身体不适，脑子一片混乱，甚至没有带全准备好的资料，发言的时候词不达意，几次中断。会议的结果可想而知……

失去了一个这么好的机会，萧霖悦为此懊恼不已。之后，由于状态一直不好，她又有过几次小的失误，她对自己更加不满。

以前自信的她，现在忽然觉得自己不适合这项工作，不然为什么老是在关键时刻出错呢？她开始惩罚自己，经常不吃饭，或者暴饮暴食，或者拼命地喝酒。

萧霖悦的情绪越来越不好，领导找她谈过几次话，宽慰她过去的事情都过去了，应该向前看。虽然她的情绪渐渐稳定了下来，但是她还是不能原谅自己，没有心情做好手中的事情，以至于对工作失去了当初的信心。最后，她不得不递交了辞呈。

很多人在犯错之后，不能原谅自己，甚至憎恨自己，进而影响到现在乃至以后做事的心情。如果憎恨过于强烈，人无法看到希望的曙光。不如反过来想一想，错误既然已经犯下了，再惩罚自己又有什么用呢？你已经为此付出了沉重的代价，为什么还要搭上现在和未来呢？

谁都不是圣贤，犯错在所难免，任何成长都会伴随着犯错误。很多事情过去了就过去了，错了就错了，心里认识到了就已是一种收获，实在不必终日带着内疚生活。

退一步说，就算没有那个错误的存在，你也难以保证一个人、一件事，以及整个人生都会完美无缺。在生命这条长河里，不会总是风平浪静，谁也无法预知何时会激起浪花，避开了一处暗礁，还可能会遇到更大的阻拦，我们唯一能做的，就是向前看，而非频频回顾，甚至驻足不前。

犯了错，自嘲地对自己笑笑，潇洒地走出烦恼的世界。犯了错，别用近乎自虐的方式惩罚自己，而应为自己找个理由或借口，这样心里会好受一些。这不是逃避，而是让心能够容纳人生的瑕疵，将经历过的失败、犯过的错误，变成弥足珍贵的经历和经验。

错了就错了，别为难自己。有时，人生只需要"拐个弯"，就会海阔天空。

❀ ❀ ❀ ❀

女人如水，更要学会包容

人和人之间对事物的理解总会有所不同，所以我们在生活里一定会遇到不同意见。如果不能宽容地对待别人的异议，我们将寸步难行。相反，如果能够相互尊重、相互包容、求同存异、真诚相对，那么我们就会拥有良好的人际关系了。

我们不能要求世事都如己所愿，更不能强求所有人的观点都和自己一样。差异性不可避免，所以我们要尽量在客观的基础上做到求同存异，即寻找相互之间的相同点的同时尊重客观存在的差异性，从而实现相互之间的合作。

要做到求同存异，相互之间的宽容是最基本的要求。

有个女人非常不善于和人打交道，经常与人发生口角。后来，她向一位大师请教："我总是容易和别人发生矛盾，因为他们总是拿出一些我不能接受的意见，您说我该怎么办？"

大师想了一会儿，说："你说水是什么形状的？"

女人见大师"词不达意"，茫然地摇头说："水哪有形状呢？"

大师笑着说："我把水倒进一只杯子，水难道还没有形状吗？"

女人似乎有所悟，说："我知道了，水的形状像杯子。"

大师又说："可我如果把水倒进花瓶呢？"女人很快又说："哦，水的形状像花瓶。"

大师摇头，又把水倒入一个装满泥土的盆中。水很快就渗入土中，消失不见了。女人陷入了沉思。

这时，大师感慨地说："看，水就这么消逝了，这就是人的一生。"

女人沉思良久，忽然站起来，高兴地说："我知道了，您是想通过水告诉我，我们身边的人就是不同的容器，想与他们相处得好，那么，我就要把自己变成可以倒入各种容器中的水。是不是这个道理？"

大师微笑着说："你现在已经有所得，但还不完全正确。"看着重新陷入迷思的女人，大师接着说："水井里的水、河里的水、海里的水，它们虽然有不同的形态，可是它们却都是水。"

女人恍然大悟："人其实也应该像水一样，能够顺应和包容外界的变化，却永远不改自己的本色。"

大师笑着点了点头。

上例中的大师通过水，"点化"了一个原本没有容人之量的人。我们也同样应该从中受到启发，对于生活中的不同意见，我们应该像水一样去包容、去改变。

水之所以能在不同的环境中存在，就是因为水"不较真"，它没有自己的形状，却也从来不改变自己的本质，"水善利万物而不争"。

在同事和朋友的眼中，李莉有一个幸福美满的家。爱她的丈夫是一家企业的老总，温文尔雅，风度翩翩。李莉是某行政机关公务员，长得漂亮又善解人意，还有一个可爱的儿子，一家三口很是幸福。李莉非常珍惜这个家，也用自己的智慧经营着自己的婚姻。

一个周末，单位派李莉去附近的一个城市出差两天，她担心丈夫工作忙碌照顾不到儿子，就把儿子送到了婆婆家。听到她出差的消息，丈夫却没有丝毫的不舍，反而显示出欣喜的表情。她敏感地察觉到丈夫的这一细微变化，不动声色地收拾着行李。然后，又偷偷给领导打了电话说家里有急事，请同事出差。

第二天，李莉还是"出差"了。但她并没有去车站，而是拉着行李进了自家对面的一个咖啡店。她选了一个靠窗的位置，边喝咖啡边朝着自家门前张望。

一杯咖啡喝完了，李莉又拿起一本杂志心不在焉地翻阅着，眼睛的注意力仍在自家门口。这时，她远远地看到丈夫慌张地打开房门，把一个女人放进去，又朝四周观察一番，确定没人注意，才小心翼翼地关上房门。

那个女人她认识，是他的下属，住在她家对面那幢楼上。

这个时候，按常理，很多女人发现了丈夫的私情，都会毫不犹豫地冲进屋内，当面戳穿他们的私情。但是李莉并没有这么做，她知道这样一来，势必掀起轩然大波，不但会跟那个女人撕破"脸面"，还会使丈夫更加难堪，可能会把他推到离那个女人更近的位置。她不想这样。她相信丈夫只是一时糊涂，他仍然深爱着自己。装聋作哑更不行，自己承受痛苦不说，还会使他越陷越深。不如给那个女人一个"台阶"，让她自己掐断这份私情。

想到这里，李莉果断地掏出手机，拨通了家里的电话。"老公，我把文件忘在书桌上了，你把它找出来，请你让小王帮我送来好吗？"小王就是那个女人。不等他回答，她又拨通了小王的手机："请你到我家里拿一份文件给我送来，行吗？我在对面的咖啡店等你。"

不一会儿，小王出现了，满脸羞愧和尴尬。她接过文件，优雅一笑，说了声："谢谢你，我先走了。"然后拦了出租车离开了。此刻，她再也忍不住心头的酸痛，任由涕泪滂沱。她想，要是这样也不能挽回丈夫的心，那她真该放弃这段感情了。

事实证明她的做法是正确的，丈夫在她离开后不久，就打电话到处找她。晚上她回来了，没有问他，装作什么都没有发生，只是说："工作意外地顺利，提前回来了。"

多年过去了，丈夫再也没有越雷池半步，他和她之间仿佛一切不快都不曾发生过，依然幸福地生活在一起。而那个女人在断绝与上司的往来后，不止一次地对别人说："她是我见过的最有魅力、最有思想的女人。对她，我除了崇敬，还有感激。"

女人如水，更要学会有水一样的包容心，包容是一种仁爱的光芒，是对别人的释怀，也是对自己的善待。水一样的女人，有一种生存的智慧、生活的艺术，有一种看透了社会和人生以后所获得的从容、自信和超然。

第四章

云淡风轻，通情达理的女人不纠结

以花开的姿态，笑对一切逆境

霍兰德说："在最黑的土地上生长着最娇艳的花朵，那些最伟岸挺拔的树总是在最陡峭的岩石中扎根昂首向天。"坚强的女性不会被磨难吓倒，反而把它们当作是成功路上的前奏。

正如孟子所云："天将降大任于斯人也，必先苦其心志，劳其筋骨。"历览世间成大事者，皆是经历了一番寒霜苦而修成"正果"。苦难可以培养浩然正气，孕育卓越英才，成就辉煌人生。

在20世纪60年代，香草出生在一个贫穷的山村家庭。她也曾渴望着与同龄人一起背着书包坐在课堂里聆听老师的教诲。然而，窘迫的家庭经济条件，还是让她失去了上学读书的机会。尽管如此，大山里那凝聚的灵性，让她拥有了智慧；山间那陡峭的小路，磨炼了她的意志，让她懂得了坚强；纯朴民风的熏陶，让她有了博大的胸怀。长大成人后的香草凭借自己的勤奋努力，成为村里同龄女孩子中的佼佼者。经人介绍，她与本乡的一位技艺精湛的年轻石匠走到了一起。

婚后不久，丈夫为了尽快改变贫困的生活条件，告别新婚的爱妻，走出大山，凭借手艺独闯"江湖"。香草则留守家中，在田地耕作，照顾父母，抚育孩子。当改革的春风吹遍大江南北，商海的大潮汹涌澎湃的时候，善于观察事物捕捉信息的她，精明地看到了大山中蕴含的商机。于是她筹措资金，一边料理家务，一边早出晚归，从林户手中收购木材，做起了长途贩运木材的生意。

机遇总是垂青那些有准备的人，而抓住机遇的人总是在辛苦中第一个尝到"甜头"。财富在"两点一线"的运输中聚集，心中埋藏已久的建造一幢当地少有的"洋房"的最高目标也在夫妻俩的埋头苦干中实现了。一对儿女的欢笑声在美满幸福的家庭中回荡着，在村民羡慕的目光中他们感到欣慰，勤劳致富带来的甜蜜使这对夫妻憧憬着美好的未来。

然而，月有阴晴圆缺，人有旦夕祸福。灾难总是在人们毫无思想准备的情况下突然降临。一天，香草为孩子做好饭后，又去押运木材外出销售。由于陡峭的简易机耕路崎岖不平，路基在雨水的浸泡下变得松软，驾驶员遇到紧急情况又处置不当，运输车不慎翻入近30米深的山涧中。坐在驾驶室里随车押运的香草在车子的翻滚中不幸被摔出，腰部和左腿被车上滚落的木头砸伤，左脚的胫骨和腓骨两节粉碎性骨折，鲜血直流，一度昏迷。

因伤势过重，香草被送往市医院，随后又转往大城市的医院住院治疗，先后花去医疗费用几十万元。尽管如此，她还是落下了终身残疾。她的两腿长短不一，最后不得不再做手术安装假肢，成为残疾人中的一员。就在香草与厄运抗争的过程中，老天爷似乎也在捉弄她。

在香草进行恢复治疗期间，丈夫骑摩托车外出办事，被汽车撞倒，受伤昏迷在路边，幸好被路过的好心人救起，送往县医院治疗，最后腿部也受伤致残。原本健康的两个人，而今双双成了残疾人。更令人心酸的是，夫妻俩呕心沥血建造的"洋房"，由于地质灾害造成的山体滑坡，顷刻间被掩埋。接二连三的飞来"横祸"，使香草原本富裕的家庭变得"一穷二白"。

人是要有点精神的。面对残疾，香草最终没有低头，用自强不息的精神鼓励自己；面对病痛，香草最终没有退却，以热爱生活的态度锐意进取；面对残酷的命运，香草最终没有倒下，以惊人的毅力，克服困难，继续弹奏催人奋进的乐章。在县残联和当地党委政府及村委会的无微不至的关怀与支持下，她以多付出常人一倍甚至是几倍的辛苦，从家庭作坊开始，一步一步地走上了木制品规模经营的自强致富之路。

绝不向命运屈服的香草，如今已是一个木制品公司的老总，短发披肩，笑容可掬。她没有叹息岁月的年轮在她脸上刻下的深深印痕，没有嗟叹岁月的风霜染白了双鬓，在她不屈的灵魂、生命的乐章里，每一个音符都凝结着深沉和豪放，每一个音符里都充满了坦诚和希望，每一个音符都演奏着绚丽和辉煌。

生命的美在于拼搏和创造。英国科学家贝弗里说过："人最出色的工作是于逆境中做出的，思想上的压力，甚至肉体上的痛苦，都可能成为精神上的兴奋剂。"理想的花，要靠汗水浇灌，汗水是滋润灵魂的甘露，双手是使理想飞翔的翅膀。

很多女人在生活中遇到变故时，总是不停地埋怨："为什么是我？上天对我太不公平了！"即使流尽眼泪，哭瞎眼睛，也依然无济于事。与其如此，不如选择坚强积极地面对。

前事不忘，后事之师。能够笑对逆境的女人，永远是生活的强者。她们明白，每一次不幸并非都是灾难，逆境有时是一种幸运。

与困难作斗争，会为人日后面对更大的人生挫折积累丰富的经验。

巴尔扎克曾说："苦难对于天才是一块垫脚石，对于能干的人是一笔财富，对于弱者则是一个万丈深渊。"逆境是人的"试金石"，有人在逆境中站得更直，也有人在逆境中倒下，这其中的差别就在于个人是消极逃避还是坦然面对。一个人面对逆境，如果能站起来便能成就更好的自己，如果倒下，自怨自怜，悲叹不已，那注定只能继续哭泣。

处变不惊的人，方能笑对人生中的逆境。身处幸运所需的美德是节制，身处逆境所需的美德是坚韧。一些在风雨和苦难中挣扎的女性，她们的内心世界更能体验到生活的路原来坑坑洼洼、坎坷崎岖，她们的生命往往有着更美丽的色彩。

1987年3月30日晚上，洛杉矶音乐中心的钱德勒大厅内灯火辉煌，座无虚席，人们期盼已久的第59届奥斯卡金像奖的颁奖仪式正在这里举行。在热情洋溢、激动人心的气氛中，高潮终于来到了。主持人宣布：玛莉·马特琳在《小上帝的孩子》中有出色的表演，获得最佳女主角奖。全场立刻爆发出经久不息的雷鸣般的掌声。玛莉·马特琳在掌声和欢呼声中，一阵风似的快步走上领奖台，从上届影帝——最佳男主角奖获得者威廉·赫特手中接过奥斯卡金像。

手里拿着金像的玛莉·马特琳激动不已。她似乎有很多很多话要说，可是人们没有看到她的嘴在动；她又把手举了起来，可不是那种向人们挥手致意的姿势。眼尖的人已经看出她是在向观众打手语，内行人已经看明白了她的意思：说心里话，我没有准备发言。此时此刻，我要感谢电影艺术科学院，感谢全体剧组同事……

原来，这个奥斯卡金像奖颁奖以来最年轻的最佳女主角奖获得者，竟是一个不会说话的哑女。

玛莉·马特琳不会说话，还是一个聋人。

玛莉·马特琳出生时是一个正常的孩子。但她在出生18个月后，被一次高烧夺去了听力和说话的能力。

这位聋哑女对生活充满了激情。她从小就喜欢表演，8岁时加入伊利诺伊州的聋哑儿童剧院，9岁时就在《盎斯魔术师》中扮演多萝西。16岁那年，玛莉被迫离开了儿童剧院。所幸的是，她还能时常被邀请用手语表演一些聋哑角色。正是这些表演，使玛莉认识到了自己生活的价值，克服了失望和自卑心理。她利用这些演出机会，不断锻炼自己，提高演技。

1985年，19岁的玛莉参加了舞台剧《小上帝的孩子》的演出。她饰演的是一个次要角色。可就是这次演出，使玛莉走上了银幕。

女导演兰达·海恩丝决定将《小上帝的孩子》拍成电影。为物色女主角——萨拉的扮演者，导演大费周折。她用了半年时间先后在美国、英国、加拿大和瑞典寻找，却都没找到中意的演员。于是她又回到了美国，观看舞台剧《小上帝的孩子》的录像。她发现了玛莉高超的演技，决定立即启用玛莉担任影片的女主角——萨拉。

玛莉扮演的萨拉，在全片中没有一句台词，全靠极富特色的眼神、表情和动作，揭示主人公矛盾复杂的内心世界——自卑和不屈、喜悦和沮丧、孤独和多情、消沉和奋斗。玛莉十分珍惜这次机会，她勤奋、严谨、认真地对待每一个镜头，用自己的心去拍，表演得惟妙惟肖，让人拍案叫绝。

就这样，玛莉·马特琳成功了。她成为美国电影史上第一个聋哑影后。正如她自己所说的那样：我的成功，对每个人，不管是正常人，还是残疾人，都是一种激励。

只有坚强的女人，才能掌控命运，改变人生，享受到一生的幸福。总而言之，女人要活得自我，活得幸福，坚强是第一要素，因为它就像一把开山的斧，一张远航的帆，让人披荆斩棘，劈波斩浪，走向美好的人生。

如果你想成为一个面对磨难能灵活应对的女人，面对苦难能有所成就的女人，不管你自身条件如何，都不能坐等和指望上天，一切都取决于你自己。只要你充满坚定的信念，保持恒心，不放弃努力，就有成功的机会！

❀ ❀ ❀ ❀

生命有"裂痕"，并不妨碍阳光照进来

人生的"角度"是可以选择的，你可以选择终日阴郁，也可以选择每天阳光。快乐来自积极和主动，面对逆境时尤其需要如此。拥有积极乐观性格的人，在面对人生的种种磨难时，仍然可以屹立于人前，无往而不利。

如果对于那些失去的我们确实无法挽回，那我们就应该勇敢地接受，并用自己的双手开创出一片新的天地。

邰丽华是中国唯一登上两大世界顶级艺术殿堂——美国纽约卡内基音乐厅和意大利斯卡拉大剧院的舞蹈演员，也许她并没有到达舞蹈的顶峰，但她却用自己的行动证明了一个残疾人只要通过努力，一样可以取得了不起的成就。

邰丽华两岁那年，因高烧失去了听力，没过多久，甜美的歌喉也失去了，她从此陷入了无声的世界。她当时的寂寞与痛苦难以想象。当她快满七岁那年，父母决定将她送入市聋哑学校学习。那里的一堂律动课改变了她的人生。

聋哑学校开设律动课是为了让学生通过震颤感受到节奏的变化。当老师踏响木地板上的象脚鼓时，一种奇怪而自然的有节奏的振动刹那间传遍邰丽华的全身，她感到一种从未有过的对另一个世界新奇的感知。当别的同学表现出万分高兴的时候，她已经将整个身体匍匐在地板上，深深地投入到那充满幸福的律动之中了。

她激动，她兴奋，眸子闪亮，小脸通红，她感觉到这个世界从未有过的美丽，她指着自己的胸口，用三个手势告诉老师：我——喜——欢。她努力地感受不同的振动，娇小的身体随之摆动。她突然发现，这是一种属于她的语言。她比别人勤于思考，更善于琢磨用舞蹈来表达情感。从此她踏上了自己的舞蹈之路。

台上一分钟，台下十年功。在婀娜的舞姿背后，对于邰丽华来说，她要付出比常人多好几倍的辛苦努力。她全身心地投入到她的舞蹈事业中。为了练舞，她将自己变成了一只旋转的陀螺，24 小时中除了吃饭和睡觉的时间，其他时间都是在练习跳舞。找不准节拍再练，动作不对再改，一次又一次摔倒，爬起，摔倒，爬起。她练得身上青一块紫一块，以至于小腿上留下了一道又一道青黑的伤疤。

凭着执着的努力，她在15岁时，就随中国残疾人艺术团出国演出了。在很多次舞蹈比赛中，评委们根本没有发现她是一位双耳失聪的残疾人。邰丽华全身心地投入到她热爱的舞蹈中。一曲《雀之灵》有多少节拍，她没有仔细计算过，但老师做过一次测试，邰丽华凭着感觉舞完这700多个节拍，竟丝丝入扣，没有一点差错。她唯一的方法就是记忆、重复、再记忆，到最后她心里已经有了一支永远随时为她响起的乐队。她觉得自己注定一生都要用身体的舞蹈和心中的音乐去膜拜生命了。

重新燃起的生命之火让邰丽华重新认识到存在的意义。她爱上了舞蹈，虽然没有音乐，但是她用自己的心去伴奏。她说："残疾不是缺陷，而是人类多元化的特点。残疾不是不幸，而是不便。残疾人，也有生命的价值。越是残缺，越要美丽！"舞蹈，对于邰丽华来说，是儿时的嬉戏，是精神的寄托，是感受这个世界的特定方式。她用行动告诉人们，她和正常人一样，一样可以体验与创造这个世界的丰富多彩。

做一个快乐幸福的人，这是几乎每个女人的追求。命运的好坏、祸福，关键在于人自己审视人生的角度。

包希尔·戴尔是一个眼睛几乎瞎了的不幸女人，但是她的生活却并不像我们所想象的那样糟糕。她始终坚信，不论是谁，只要来到了这个世界上，就是合理的。用她的话说，她相信有所谓的"命运"，但是她更相信快乐。因为她自己就是一个在厨房的洗碗槽里也能寻找到快乐的人。

包希尔·戴尔的眼睛处在几近失明状态已经很长时间了。她在自己所写的名为《我要看》一书中这样写道："我只有一只眼睛，而且还被严重的外伤给遮住，仅仅在眼睛的左方留有一个小孔，所以每当我要看书的时候，我必须把书拿起来靠在脸上，并且用力扭转我的眼珠从左方的洞孔向外看。"但是，她拒绝别人的同情，也不希望别人认为她与一般人有什么不一样。

当她还是一个小孩子的时候，她想要和其他的小孩子一起玩踢石子的游戏，但是她的眼睛看不到地上所画的标记，因此无法加入他们。于是，她等到其他的小孩子都回家去了之后，就趴在他们玩耍的场地上，沿着地上所画的标记，用眼睛贴着它们看，并且，把场地上所有相关的事物都默记在心里，之后不久，她就变成踢石子游戏的高手了。她一般都是在家里读书的，她先将书本拿去放大影印之后，再用手将它们拿到眼睛前面，并且几乎是贴到她的眼睛上，以致睫毛都碰到了书本。就是在这种情况下，她竟还获得了两个学位，一个是明尼苏达大学的美术学士学位，另一个是哥伦比亚大学的美术硕士学位。

到了1943年，那时她已52岁了，也就在那个时候发生了奇迹。她在一家诊所动了一次眼部手术，没想到却使她的眼睛能够看到比原先所能看到远40倍的距离。尤其是当她在厨房做事的时候，她发现即使在洗碗槽内清洗碗碟，也会有令人心情激荡的情景出现。她写道："当我在洗碗的时候，我一面洗一面玩弄着白色绒毛似的肥皂水，我用手在里面搅动，然后用手捧起了一堆细小的肥皂泡泡，把它们拿得高高地对着光看，在那些小小的泡泡里面，我看到了鲜艳夺目好似彩虹般的光彩。"

当从洗碗槽上方的窗户向外看的时候，她还看到了一群灰黑色的麻雀正在下着大雪的空中飞翔。她发现自己在观赏肥皂泡泡与麻雀时的心情，是那么的愉快与忘我。因此，她在书中的结语中写道："我轻声地对自己说，亲爱的上帝，我们的天父，感谢你，非常非常的感谢你！让我们感谢上帝的恩赐，因为它使你能够洗碗碟，因而使你得以看到泡泡中的小彩虹，以及在风雪中飞翔的麻雀。"

换个角度看人生，你就会发现你的生活其实有很多快乐的理由，扰乱美好，让我们不快的只是我们的心而已。当我们认识到这一点之后，我们内心还有什么结是解不开的呢？

❄ ❄ ❄ ❄

忘掉悲伤，让一切伤害了无痕迹

如果你念念不忘那些已经存在的伤害，想用报复去刺痛伤害你的人，无疑是在给自己的伤口撒盐。当你选择了忘记，选择了不在乎，那些伤害过你的人，那些伤害过你的事，就如过眼烟云一般，一切了无痕了。

人生就像是一次长途跋涉，不停地走，不断地看到新的风景，其间也会遇到坎坷。如果把走过的路、看过的风景全都牢记于心，只会徒增负担。阅历越丰富，压力就越大，倒不如一路走来一路适时忘记，轻装上阵。

玛丽亚原本有一个幸福的家庭，有爱她的父母。快乐长大后的玛丽亚，万万没想到有一天，她的生命会遭受如此的痛苦。

正在上大学的玛丽亚和一个男人相爱了。天真的她以为爱情就是一切，死心塌地地爱着那个男人。当那个男人发现她怀孕后，却无情地抛弃了她，不负责任地一走了之。学校知道玛丽亚未婚先孕的事情后，通知了她的父母。

一时间，同学们都对玛丽亚指指点点，好像在说这是一个坏女孩。父母更是无法接受女儿的这种行为，拒绝让女儿进家门。玛丽亚无法在学校待下来，又遭受了爱情和亲情的双重打击，绝望之下，想要离开这个世界。

玛丽亚站在300米高的大桥上，俯瞰脚下万顷碧波，她没有恐惧，心凉如水。抚着微隆的肚皮，那里隐隐传来的一息脉动给了她最后的温暖。细密的雨打湿了她的头发，顺颊而下的水珠和泪珠又冻结了这一点微温。

这一天，似乎是玛丽亚生命中最灰暗的一天，但是她却在最痛苦的时候重新看到了生活的希望。在玛丽亚自怜自伤的时候，她能感受到不远处有一双眼睛望着她。她转身看到一个清秀的年轻男子。这样的天气爬上这样高的大桥，除了他俩，再没第三个人。他们彼此心照不宣，来到这里的人，绝不会是为了悠闲地看风景。

四目交汇的瞬间，玛丽亚看到那双眼睛里盛满了浓得化不开的哀伤，还有一丝疑惑和关切，她仿佛看到另外一双自己的眼睛。于是，身处同样境地的两人有了惺惺相惜之情，开始了交流。

经过交谈，玛丽亚了解到这个男子也是一个万念俱灰的可怜人，他青梅竹马的未婚妻在婚礼前几天突遇车祸身亡。

"玛丽亚，你比我幸运，你失去的只是一个不爱你也不值得你爱的人；而我失去的是一个真心相爱的人，而且永远没有挽回的余地了。"

"拥有一份真爱，就没有遗憾，是你比我幸运！我的生活里只有背叛和抛弃。为了你的未婚妻，为了她在天堂能安息，你应该勇敢地走下去，不该这样颓废。"

"是的，时间也许可以帮助我，也一定会帮助你，没有什么问题是解决不了的。你还这么年轻，还会有美好的感情在前方等着你……"

他们是一对准备抛弃余生的人，所以他们都把彼此当成一个聊天对象，聊了很久。谈话中他们发现了一个比自己更痛苦的人，同时，他们也意识到自己的痛苦在别人眼里不过是一粒尘埃。于是，他们彼此鼓励，决定勇敢面对自己的不幸，然后手牵手从危险的桥上慢慢爬了下来……

人只有经历不幸才能体会幸福，才会懂得珍惜生活。在每个女人的一生中，总会有一个人让你笑得最甜，也总会有一个人让你伤得最深。忘记一切，就是善待自己。人生的过程就是失与得，看淡了也就轻松了，一切不过是过眼云烟；如果真的忘不了，就默默地珍藏在心底最深处，藏到岁月的烟尘触及不到的地方……

人生是一张单程票，一去无返。陷在痛苦的泥潭里不能自拔，只会与快乐无缘。告别痛苦的手得由你自己来挥动，享受今天盛开的玫瑰的捷径只有一条：坚决与过去"分手"，勇敢地面对未来。

芯筱一直是个幸福的女人。结婚两年，女儿一岁了，有稳定的工作和非常恩爱的家庭。芯筱的丈夫是一个乐观善良的男人，不管是家庭还是事业，他总是把一切都安排得妥妥当当。

然而，有一天，丈夫突然车祸身亡。当人们告诉芯筱她丈夫出事的时候，她几乎没有办法反应过来。之后，所有的不如意好像在一瞬间全部落到芯筱的肩上，让从来不知生活重负的芯筱一下子崩溃了。

没有依靠，没有希望，一切好像都完了。对生活的绝望令芯筱变得暴躁，怨气冲天，家中更是愁云惨布。公婆老年丧子，心中极度悲伤，身体一下子垮下来，住进了医院。芯筱下了班要家中医院两头跑，心情极度忧郁。

四年后的一天，芯筱带着女儿到公园玩，女儿跑前跑后，芯筱麻木地站在一旁看。这时，有位带着孩子的老太太上前与芯筱打招呼："你也带孙女出来玩呀？"芯筱吃了一惊："孙女？"芯筱30岁刚出头，怎么会有孙女？大惊之下，芯筱跑到公园的公共厕所，只见镜子中是一个脸色苍白、头发蓬乱、眼皮浮肿的老女人："天啊，这还是我吗!?"

芯筱急忙拖着女儿回家，谁知女儿不肯走。她火冒三丈，举手就想打女儿。谁知女儿不但不哭，反而大声说："打吧打吧，打死我吧，我不想活了!"芯筱愣住了，这话的声调和语气，分明就是自己平常在她面前说的呀！

那天晚上，芯筱躺在床上久久不能入睡。这些年自己的伤心绝望和自暴自弃导致的言语偏激和行为失控，已经深深地影响了女儿，对女儿的心灵带去了巨大的阴影。那个夜晚，芯筱暗暗下了决心，为了孩子和自己的将来，她要开始新的生活，不能再沉沦在痛苦绝望中不能自拔，既然开心要过日子，不开心也要过日子，何不笑着面对生活？

从这以后，芯筱在家中会多讲些有趣的话题，让老人和孩子开心一些。白天她全身心投入工作，晚上在家玩玩电脑或陪孩子做做游戏。一段时间后，朋友和同事都说芯筱比以前年轻了，脸上也有了笑容，走起路来都变得精神抖擞。每到周末，芯筱都会和朋友们相约一起去打乒乓球；每有假期，芯筱就背上旅行包带着孩子出去旅游。充实的生活根本没有时间让芯筱长吁短叹。

"在失望的日子里要振作，只要不断种植希望，终会有新的美好来临。实践中你会发现，生活对你并不吝啬。"当一个失意的人问芯筱改变的原因时，她这样回答道。

有谚语说：生活是一枚硬币，一面是欢乐，一面是痛苦，通常你只能看到一面，但是别忘了，马上就轮到下一面了。当你绝望想放弃的时刻，不论对于生命还是信念，你都要想：再等一等，再坚持一下吧，下一秒，也许"硬币"就会翻面。

痛苦只是个过程，没有谁能拒绝春天来临，没有谁能永远都做噩梦。漫漫旅途中，你或许会感到疲惫，你或许会有些沉重，你或许总是逃不开痛苦的羁绊，但只要有一份美丽的心情，你就会觉得欣慰，就会充满自信。

在通情达理的女人眼中，痛苦只是一粒微不足道的尘埃，它可以给予人成长的营养，让人走得更顺畅。让我们保持一份淡然的心境，好好地珍惜人生，尽情地拥抱生活吧，虽然辛苦，但你一定会咀嚼出甘甜与芬芳！

※ ※ ※ ※

笑对挫折，没有过不了的寒冬

坚强的女性会微笑着面对挫折，因为她们知道难题再大，只要不妥协就能战胜；无论多么寒冷的冬天，她们总会迎接明媚多彩的春天。处于困境中的女性，要想突破生活和命运的樊篱，就必须设法调整自己的心态，以积极向上的心态去面对人生，迎接挑战，打破烦恼、担忧的屏障，笑对挫折，要记住：胜利属于强者。

正如贝多芬所说："通过苦难，走向欢乐。面对苦难和挫折，你要抬起头来，微笑面对，相信这一切都会过去，今后会好起来。"乐观的女人会笑看挫折，期待美好的未来。希望是不幸者在困难时最好的自我安慰。在漫长的人生道路上，我们需要一颗健康的心，需要灿烂的笑容。

10岁开始踏上滑冰场的叶乔波是个追求完美的孩子，日复一日严酷的训练让年幼的她疲于奔命，但为了心中的梦想，她一路坚持了下来。18岁那年，她的颈椎受伤，经沈阳、北京几家大医院诊断后得出了相同的结论：再继续练将有瘫痪的危险。继续还是放弃的艰难选择摆在她面前，生性好强不服输的叶乔波选择了前者。

1988年，已进驻冬奥会选手村三天的叶乔波突然被国际滑联取消参赛资格，并被罚停赛15个月，理由是她所服用的中药里含有禁药成分。这一次打击无疑是沉重的，23岁的她还能有多长的运动生涯？面对这并非自己造成的过错，叶乔波欲哭无泪，但她并未屈服！四年后的冬季奥运会上，叶乔波以一连串令人震惊的成绩，让世人对她刮目相看。

叶乔波在1992年就被查出半月板断裂，但她带伤远赴6个国家参加了8场世界性大赛。1993年，一名日本专家检查她的膝部后万分惊讶，告诫她应该马上做手术，不要拿自己的生命开玩笑。但3天后，叶乔波忍着剧痛，拿下了世界短距离速滑赛全能冠军。

1994年第17届冬奥会上，叶乔波为中国代表队夺得冬奥会上的首枚铜牌。在赛后的手术中，医生惊讶地发现她左膝盖的两侧韧带和髌骨早已断裂，腔内有8块游离的碎骨，骨骼的相交处呈锯齿状。此后的很长一段时间，她都是在轮椅上度过的。

叶乔波为中国实现了冬奥运会奖牌零的突破，但她却因滑冰而摘除了半月板。叶乔波退役后，她又以小学四年级的文化基础，先是用6年时间攻读完清华大学MBA，后又进入中央党校攻读经济学博士。直到现在，她仍在致力于积极推广冬季运动的工作。

叶乔波为我国冰上运动做出了重大贡献，她用不断的奋斗来充实自己的人生。她笑对挫折，不断努力超越自我的拼搏精神更值得钦佩。

毅力，是在面对挫折或失败时，依然不断尝试的能力。有时，灾难及悲剧会造成出人意料的成就和长足的进步。请拿出笑对挫折的豪气，要相信没有哪个严寒的冬天不能逾越。明天，将又是一个春暖花开日。

一个拥有乐观精神的人，泰然面对生活中的挫折，积极面对人生中的失意，才会摆脱困境迈向成功。"冬天来了，春天还会远么？"乐观面对挫折，你才会步入成功的殿堂，为人生画上圆满的句号。

1967年夏天，美国跳水运动员乔妮·埃里克森在一次跳水事故中身负重伤，全身瘫痪。

那时，乔妮哭了，绝望了，她不能接受这个残酷的现实。出院后，她叫家人把她推到跳水池旁。她注视着那蓝盈盈的水波，仰望着那高高的跳台，忍不住偷偷地哭了起来。她知道她再也不能站立在那洁白的跳板上了，也再也无法融入那蓝盈盈的水波中了。

从此，乔妮被迫结束了自己的跳水生涯，那条通向跳水冠军领奖台的路上再也看不见她的踪影。

她一度绝望过，但她的心中还有信念。她拒绝了死神的召唤，开始冷静地思索人生的价值和生命的意义。

她借阅了许多励志书籍。她虽然双目健全，读书却十分艰难。她只能靠嘴衔着一根小竹片去翻书。但每一本书她都认认真真地用心去读，去感悟。病痛和疲惫常常迫使她停下来，但休息片刻后，她还会坚持读下去。

慢慢地，她阳光了，也释然了：我的身体是残疾了，但是我的心没有残疾，我还有信念！许多人残疾以后，都在另外一条道路上获得了成功。他们有的创造了盲文，有的成了作家，有的创造出美妙的乐曲，我为什么不能？于是，她开始好好地审视自己。

　　她想起来她除了喜欢跳水之外，对画画也很感兴趣。为什么不能在画画方面有所成就呢？想到这儿，这位纤弱的姑娘变得更加自信，更加坚强。她捡起了中学时代曾经用过的画笔，用嘴衔着练习开了。这是一个多么艰辛和痛苦的过程啊！

　　用嘴画画，这是一个多么"幼稚"的想法，家人连听也未曾听说过。他们怕她不成功而更伤心，纷纷劝阻她："乔妮，别那么折磨自己了，用嘴画画怎么可能？我们会养活你的。"他们的话不但没有打消乔妮的热情，反而激起了她学画的决心："我怎么能让家人养活我一辈子呢？"她更加刻苦了，常常累得头晕目眩，汗水把双眼弄得又辣又痛，有时委屈的泪水甚至把画纸也浸湿了。为了积累素材，她还常常乘车外出，拜访艺术大师。

　　好多年过去了，她的辛勤付出终于有了回报，她的一幅风景油画在一次画展上展出后美术界好评如潮。

　　1976年，她的自传《乔妮》一经问世便轰动了文坛。她收到了数以万计的热情洋溢的读者来信。两年之后，她的《再前进一步》一书又出版了。该书以作者的亲身经历向身患残疾的朋友讲述了应该怎样战胜病痛，如何立志成才。后来，这本书被搬上了银幕，影片的主角由乔妮自己饰演，她成了千千万万个青年尊崇的偶像和学习的榜样。

乔妮用自己的行动告诉了人们一个深刻的道理：只要你内心强大，这个世界便不存在能打败你的对手，除非你自己先投降；有时候，向命运抗争本身就是一种胜利。

人生之路充满荆棘与坎坷，人如果没有一颗强大的内心，而是每天焦虑不安，又怎么能够成功呢？每个人在成长的过程中，都要慢慢培养一颗强大的内心，这样才能够在每次遇到困难时不害怕，而是正视它，并且成功地征服它！

人生不可能一帆风顺，我们应当有一个明确的认识，那就是人的一辈子必定有风有浪，不会一路阳光。所以当我们遇到挫折时，不要沮丧，而应冷静地看待它、面对它。

❀ ❀ ❀ ❀

没关系，下一次一定比这次好

面对人生的不如意，很多女人会不可避免地失望和哀叹，工作、爱情、家庭里的得到与失去，常常会让她们轻易地陷入绝望，甚至失去生活下去的信心和勇气。

人生就像一轮转盘，第一次是个起点，在无数的轮回中我们会有无数个下一次，得到无数的起点。人生的旅途是没有尽头的，只是在某个点转个弯而已。只要有下一次的拼搏，人便仍可能拥有生活里的阳光，而且下一次可能比这一次更重要。

潘晓婷，中国职业台球花式九球打法女选手。1997年底开始跟随父亲进行台球训练，右手握杆，国内最高排名达到第一，国际最高排名为第四。因为外貌出众、球技精湛，潘晓婷有着"九球天后"的美名。

潘晓婷的父亲是一名台球高手，在她还没出名前，济宁台球圈里最有名的就是她的父亲潘健，他有着"潘一杆"的美称。因为晓婷不是男孩，所以一开始，潘健并不希望女儿打台球，而是让她学习画画。可是，生活中的一些小事情让他发现了女儿的台球天赋。

一天，潘晓婷跟随父亲外出路过一个台球摊，父亲上阵和摊主较量，才6岁的潘晓婷站在一个凳子上，看父亲"收拾"摊主。看了一局，她就明白了台球是怎么回事，自第二局起，她开始为父亲支着儿，而潘健乐得"从命"。那一天，父亲惊讶地发现了晓婷对台球的悟性。

后来，父亲打球时晓婷总在旁边看，再后来，她自己也往球房里钻，潘健乐得教女儿几招。晓婷15岁那年，父亲经过慎重思考，决定为她办理退学手续，带她开始在全国各地拜师求学。

从那以后，潘晓婷便在父亲的带领下四处漂泊。父亲给她制订了严格的训练计划，每天从清晨4点就必须起床训练，每天最少要趴在台球桌上15个小时，不知道多少次，年少的她累得腰酸背痛，双膝酸软，躲在床上偷偷流泪。

刚到北京的时候，父亲带着潘晓婷在旅馆的地下室里租了一个房间。每天，父亲出外打工，她就到教练那里去训练。为了给她凑够请教练的钱，父亲常常工作到深夜。地下室里阴暗潮湿，常常有蟑螂、老鼠从角落里蹿出来，旁边的房间里也经常有喝醉酒的人吵吵闹闹。刚开始的时候，她吓得抱着被子直发抖，但渐渐地，她适应了这样的环境，不管周围环境多么嘈杂，她都拿着台球杆在卧室里继续训练。

整整4年，潘晓婷没有去过公园，除了运动装之外没添过一件新衣服，没和同龄的孩子玩耍打闹过，几乎从不看电视，她的生活简单得让人不敢相信，除了训练还是训练，单调乏味。有不少人都劝她的父亲，一个有着花样年华的女孩怎么能忍受得了这种孤独寂寞呢？不如就让孩子过普通的生活吧。

后来父亲和潘晓婷进行了一次长谈，父亲把别人的意见和自己的想法告诉了她，那是父亲和她第一次推心置腹地长谈，谈到最后，父亲对她说："一个人要想出人头地，就必须先学会低下头，忍得住寂寞，积蓄力量。只有懂得蓄积力量的人、肯低头的人，才能有成功的一天。"父亲让她自己选择自己想要的生活方式。那一夜，她辗转反侧，仔细咀嚼着父亲的话，最后，她还是被父亲的话感染了——要想将来有所成就，现在就必须尽量忍耐，慢慢积蓄力量。她决定继续留下来重复着枯燥乏味的训练。

19岁那年，潘晓婷得到了职业生涯里的第一笔奖金——4000元。得到奖金的那天，父亲狠下心，咬了咬牙，带她到王府井买了她最想吃的烤鸭。不过，父亲只买了半只烤鸭，他准备把这些奖金用来给女儿提供更好的训练环境。那天晚上，她坐在桌子上，父亲逼着她把那半只鸭子全吃光了，她吃着吃着就吃不下去了，失声痛哭起来。很多年之后，她对朋友说，她一辈子都忘不了那半只烤鸭，她努力奋斗了19年才能吃上半只烤鸭，她告诉自己一定要加倍努力，让父亲也吃得上烤鸭。

多年过去了，潘晓婷青春的大部分时光在比赛训练中度过了，她的努力和勤奋没有辜负她，她凭借着出众的天赋和高超的技术成了世界顶尖的台球高手，被誉为"九球天后"。

是的，很多时候我们在面对困难时，只要再坚持那么一点点就能取得成功。但是就是差这么一点点，结果却会截然不同。生活中的失败者，很多是停滞在离成功还有那么一点点距离的地方，可是那个地方仍然叫作失败。

因此，我们在任何情况下都不能放弃，在任何情况下都要有一股不达目的决不罢休的韧劲。

汪明荃是香港娱乐圈中的"大姐大"，被人尊称为"阿姐"。年过六旬的"阿姐"如今仍然是演艺圈的"常青树"。在一次访谈节目中，当观众问及她取得如此大的成就的原因时，她并没有长篇大论地讲些成功的道理，而是给观众讲起了一段影响她一生的辛酸往事。

16岁那年，虽然对电视什么也不懂，但是汪明荃却雄心勃勃地想进军演艺圈。带着这个梦想，她参加了中国首届"电视影星培训"，并光荣地成为中国电视培训的NO.1。

20岁那年，汪明荃登上了电视的舞台，并逐渐崭露头角。24岁时，她的事业如日中天，然而，却被检查出患有严重的甲状腺癌，中晚期。这意味着她可能失去她一生钟爱的舞台。

那段时间，汪明荃极度迷茫失落，甚至拒绝治疗。担心女儿的状态，她的母亲心如刀割，远渡重洋，连夜从美国飞回中国。

那些天，母亲一直陪着汪明荃聊表演，聊人生。但是她什么也听不进去，情绪依然十分低落。

一天，母亲兴冲冲地跑进病房，对她说要陪着她去寺院散散心。她根本没心情去，但看着母亲这些天为了她头发也白了一大半，不忍伤害母亲，勉强地点了点头。

寺院的住持听了她们母女的来意，被母亲的真诚打动，就带着汪明荃去禅房单独谈谈。

禅房里，住持只是淡淡地告诉她："现在你之所以找不到人生的方向，是因为你还没有看到生命的真谛。以后每天有时间多去仰望天空，这样你就会明白的。"

汪明荃若有所思地点点头。那以后，她每天都会爬到医院大楼的楼顶，仰望天空，静静地独自一个人思索人生。

好多天过去了，她什么也没明白。但是她还是每天都去仰望天空。一个月后，她好像变了个人似的，人也变得积极起来。她积极配合医生的治疗，积极锻炼，当然她也不忘去积极练习表演的技艺。

就在半年后，她出院了，重新站在舞台的正中央。而这一站就是40年，她为演艺事业几乎奉献了自己的一生。

当被问及她当年悟出了什么，是什么促使她在演艺的道路上越走越宽时，汪明荃微笑着回答道："我当年明白了，总有一条道路让你坚持到底。演艺之路就是我的路，所以我坚持下来了。或许我当时并不是最出色的，但是我不断地努力，每天都在坚持，所以40年来我才能越走越宽。"

世间最容易的事是坚持，最难的也是坚持。说它容易，是因为只要心中有信念，每个人都可以做到；说它难，是因为能够真正坚持下来，能够给梦想足够时间的人太少。

没有什么人能够随随便便成功。人可以平凡，却不能平庸。即便你没有鸿鹄之志，你也该有自己的幸福和未来。不懂为自己的明天铺路、努力的人，最终就只能和未来的美好无缘相会。很多时候，只需要一些坚持，你便能发现人生中存在的奇迹。

❋ ❋ ❋ ❋

你觉得不幸，是因为你计较得太多

一个人快乐，不是因为他得到得多，而是因为他计较得少。一个人痛苦，不是因为他拥有太少，而是因为他欲望太多。不跟自己"过不去"，是一种精神的解脱，它会促使我们从容地走自己选择的路，做自己喜欢的事。

生活中，我们也许会跟自己的上司、同事或者对手暗暗较劲，谁也不想低头，谁也不想善罢甘休。事实上，喜欢较劲的人，到了最后，都是在跟自己较劲。

梅子有一个从小一起长大、青梅竹马的男友。高考时，男友考入了杭州一所大学，而梅子由于分数稍低，只得选择了江西老家的一所专科学校。小城市就业压力相对较小，梅子毕业后很顺利地在老家找到一份教学的工作，安心在家等待一年之后毕业回来的男友。

一年之后，男友毕业，可他觉得杭州是个大城市，发展机会也多，所以不打算回老家工作。梅子为了追随男友，也为了自己的爱情，特地辞去江西老家的工作，来到杭州和男友一起打拼。

由于男友刚毕业，处境也不好，梅子是刚到一个新环境，两人能找到工作就算不错了。就这样，两人工作地点一个在东，一个在西，只得分别在距自己工作方便的地方租了房间，来回要两个多小时，很不方便。只有到了双休日，两人才能相聚。

刚开始，每当周五一下班，梅子就兴冲冲、急匆匆地往男友的住处赶，充满了甜蜜和幸福。梅子挤两个多小时的车赶到男友住的地方，忙着做饭。吃完饭男友洗碗，合作倒也默契。整整两天，两个人一起洗衣服、收拾屋子地忙活，很是甜蜜。

慢慢地，梅子发现男友越来越不像话，吃完饭不再主动洗碗，也不再帮忙洗衣服、收拾屋子，不是看电视就是打游戏。

又一个周末，梅子没去找男友，自己在家生气，她越想越气愤。想到自己总是挤两个小时的公交车，男友还让自己做饭，一点不知道心疼自己；每个周末，总是自己跑去找他，他却很少来看自己；他发的工资也从来没给过自己，而自己却经常用自己的钱来买东西补贴他；过情人节那天，他竟然没有送花给自己……

想到这一系列的事情，梅子觉得不能再这样惯着男友了，为了跟他较劲，她决定以后的双休日都不去他那里了。如果他不来找自己，就关掉手机，让他找不到人，要像这样一直冷战到男友妥协为止。

周五晚上，梅子的男友由于加班回家有些晚，看到梅子没在，就打电话过来。谁知梅子接了电话只说了一句"我睡了"就挂了。

周末两天，男友都没有联系梅子。梅子心里那个纠结呀！她想："难道他都不觉得自己错了？都是我平常太惯着他了，这周不找下次让你找也找不到。"

又到了周一，梅子还是没有接到男友的电话，她坐立不安。怎么了？再忙也该发个信息，难道他跟别的女孩好上了？不管了，反正我不会主动联系他，这次必须给他点"颜色"看看。

整整一个星期，梅子都在矛盾中挣扎着，痛苦着，工作中有几次出现失误。为此，领导不高兴，还批评了她。

又到了周五，梅子又在犹豫自己要不要去找男友，直到走到公司楼下，还在纠结着去还是不去。她突然听到有人喊自己的名字，原来是男友。

看着男友手里捧着一束鲜花，梅子还装作一副不高兴的样子爱答不理的。男友问："怎么了？我出差几天，出什么事了？"梅子心中这才释然，接着又问："那你怎么不给我打电话？"

男友说："还说我呢？我给你打电话，你不等我说完就挂了。同事有急事，领导临时派我去的，出差的地方是山区，信号特别不好。我特意在今天赶回来给你过生日。"梅子这时终于开心地笑了。

梅子这些天的纠结与痛苦，都是因为她自己太"较真"了。其实男友并没有她想象的那么不解人意。女人，千万别"较真"，别跟自己"过不去"。否则，人生就有较不完的劲，那么我们的心情就不会快乐，生活也不会顺畅。

雅雯和男朋友准备结婚了，决定先买一套婚房。他们跑遍了城市的各大楼盘，终于选定了一套总价120万元的现房。房价水平虽远高于两人的工资水平，但男友说了，他负责首付，雅雯负责装修和电器家具。男友家庭条件还不错，家里给他留了一套二手房，为了买婚房时付首付，不久前刚卖了，那套房听说卖了60万元。

选好了房回家，雅雯十分高兴，想着终于能跟相恋6年的男友拥有自己的房子了，这可是自己每天做梦都盼望着的好事。每天早上，雅雯都是笑着从梦中醒来的。

在办理房子手续的那一天，男友准点到达，身后还跟着他的爸爸妈妈。雅雯想着可能公婆担心他们办不好手续，前来帮忙的吧。于是雅雯满脸笑容地迎了上去，婆婆亲热地挽着雅雯的手，一起走向服务台。

办理手续时，工作人员问："房子写谁的名字啊？"

有说有笑的四口人突然间冷场了，雅雯没说话是因为她早算准了房子要写两个人的名字，要不怎么是婚房呢？可男友却为难地看着他爸妈。售楼大厅里陷入一阵尴尬的沉默……

男友将雅雯拉到一边，低声告诉一头雾水的雅雯，原来是男友父母希望房子只写雅雯男友一个人的名字。为了减轻雅雯和男友的还贷负担，老两口竭尽所能凑了整80万元，因为首付太多，也是老两口的全部家当了，所以希望能写男友的名字落个安心，以免将来出什么差错。

听男友这么一说，雅雯就明白了，可雅雯不明白的是，房子一到手，她就得出钱装修买电器买家具，也是一笔不小的开支呢！那这怎么算呢？而且，两人结婚了，房贷肯定是两人一起负担，虽说80万元不少，可这余下的40万元也不是个小数目呢。想到这里，雅雯有一种不被信任的感觉。

于是，当天房子的手续没有办下来。后来雅雯父母得知此事后也觉得非常生气，心想："我们把女儿都嫁给你们了，你们还这样计较，真是小心眼。"双方为了这件事见了好几次面。雅雯父母提出：如果房子只写男友的名字，那么房子后期的装修和其他一切开销都应由男方承担才对。而男友父母觉得装修最多也就花个20万元，比起自己掏的80万元太少了，如果一定要写两个人的名字，那雅雯家也应该拿出80万元来。

就这样在来回争执中，雅雯伤心欲绝，她和男友之间的沟通越来越少，说不上三句话，话题就转到了房子的问题上，他们吵架的次数越来越多。后来，两个人不堪重负，最终选择了分手。

一艘航行六年的爱情巨轮最终因为房子问题"搁浅"了，这不能不说是个悲剧。问题的根源出在哪里？就是因为双方太过于计较了，把金钱看得太重，这样斤斤计较的结果只能是亲手毁掉了两人的幸福生活。

凡事不要斤斤计较，留三分余地给别人，其实就是留三分余地给自己。生活不是单纯的取与舍，也不是单纯的得与失，很多时候，我们都太喜欢计较了，为了名，为了利，为了一时之气，白白让自己身心负累。其实，快乐生活的秘诀就是不计较。不斤斤计较，该是你的，还是你的；不是你的，凭计较得到，最终也会失去。

❀ ❀ ❀ ❀

生命不止有终点，路上的风景也许更美

在每个人的生活中，或多或少，或大或小都有一些无奈的人和事，让人纠结不已。错过是无奈，失去是无奈，后悔是无奈，思念是无奈，生死离别也是无奈……这些让人无计可施的现实，常常会挫伤人的积极性，消磨人的意志，扰乱人的心神。

那些无奈的痛苦，或许不如伤痛来得直接，却是深刻的，让人无法忘记。比如，你不懈奋斗了许久，耗费了大量精力与光阴，却发现一切只是蚍蜉撼树——徒劳无功。这种种无奈让人久久不能释怀，甚至令人对自己产生怀疑，更清醒、更深刻地认识到自己的渺小，发现自己并不能左右和驾驭世界上的一切。

的确，我们并不能避免人生中的一些无奈，但我们绝对有能力去无视这些无奈，进而创造属于自己的精彩人生。没有哪个人的生活总是充满鲜花和掌声的，也没有哪个人的事业总是一帆风顺的。人既然不能左右一切，那就应看淡一切，尽人事，听天命，让生命在承受重负的同时，活出自己的精彩。

美国女孩塔米卡·凯金斯天生听觉受损。在她三岁的时候，父母带她配了一副大而笨重的助听器。但是凯金斯对自己的助听器并不喜欢。上小学以后，她的同学经常会因为她的助听器而嘲笑她。这让凯金斯更加讨厌佩戴助听器。

有一天，凯金斯的母亲和耳科医生到学校来找她。当老师把凯金斯叫到教室外面的时候，她感觉全班同学的眼睛都在盯着她，甚至有同学"哧哧"地笑，这让凯金斯感到非常难过。

当天下午，凯金斯和姐姐一起走在放学的路上。路过一片荒野时，凯金斯突然扯下自己的助听器并狠狠地把它扔进了野地里。姐姐生气地质问她为什么要这么做，凯金斯只是耸了耸肩说："天知道。"

回到家里，母亲得知这件事后非常气愤，命令凯金斯去把助听器找回来。凯金斯也为自己的行为感到有些羞愧，回到荒野去寻找被自己扔掉的助听器，但是直到天黑了也没有找到。

晚上，父亲把凯金斯叫到跟前，郑重地对她说："今天，你做了一个重大的选择，你要为你的选择负责。以后你还会面临各种选择，你必须要按照自己的选择生活。"看凯金斯没听明白，父亲接着解释说："你今天扔了助听器，以后就不用戴了。虽然没有了它，但你依然必须要照顾好自己的生活。"凯金斯听完，对父亲点了点头，暗下决心一定要像正常人一样生活。

丢开助听器的凯金斯发现自己很擅长唇读。而且，因为没有了刺眼的助听器，凯金斯看起来跟其他人没什么两样，也没有同学再取笑她了。凯金斯一直希望能得到别人的喜欢。上中学时，凯金斯爱上了篮球，高中的时候，她打篮球的水平就已经超过了大部分的同龄人。当她在篮球场上奔跑时，她发现自己得到的已经远远超过了自己所希望的。父亲告诉她，这是她自己掌握自己的人生所得到的结果。

凯金斯曾笑着对别人说："当你在比赛中准确地投进三分球

时，没有人会介意你的听力是好还是坏。"

后来，凯金斯顺利地进入了征战伦敦奥运会的美国女篮代表队。在赛前接受记者采访时，凯金斯说："我会在伦敦奥运会上把自己最好的水平展现出来，等比赛结束后，我希望能跟像我一样有听力障碍的孩子分享我的经历和感受。"同时，凯金斯表示，自己不会鼓励孩子们扔掉助听器。她想要告诉孩子们的是："每一个人都是独一无二的，只要自己能够把握好自己，美好的事情终将发生。"

上帝关上一扇门后，常会开启另一扇门。我们不能因为一时找不到路而失去信心和希望。前进的路有很多条，当你实在无法前行的时候，应该想一想，为什么不换一条路呢？另一条路的风景也许更迷人。可见，面对无奈的人和事，不必耿耿于怀，也不必恐惧未来不明朗的前景。要坚定地告诉自己："这些都不算什么，咬咬牙就能克服，我一定能收获生命的精彩！"

一个女孩活泼、美丽，却不幸身患绝症，据医生诊断，她最多还有10个月的生命。当知道自己的病情以后，女孩所有的欢乐都没有了，她开始拒绝治疗，不和任何人说话，甚至连眼睛都不愿意睁开，只是静静地等待死神的到来。

医生说身患绝症的病人如果能鼓起生活的勇气，敢于和死亡搏斗，也许会有产生奇迹的可能。

家人心急如焚，却无可奈何，直到有一天，一位老人也住进了医院。

"孩子，你看看外面啊！"女孩听到了一个陌生的声音，不由得有些好奇，就睁开了眼睛，这才发现不知道什么时候病房里又多了一位年老的病人。

"孩子，你应该看看窗外。"老人又说。女孩出于礼貌，就把目光投向窗外。

一丛花儿开得正艳，女孩想起自己美好的青春还没有来得及绽放就凋谢了，不由黯然神伤。老人明白女孩的心思，说道："你看看那棵树。"

挨着病房的楼房一角，长着一棵树。树很奇怪，叶子稀稀疏疏的，树皮斑驳脱落，树枝很少，而且树身严重扭曲，但是这棵树看起来并不老，反而显得精神百倍。

女孩收回目光，迷惑地看着老人，这样的树有什么好看的？

"你知道它为什么会这样吗？"老人问道。

女孩考虑了一会儿，看着树周围林立的高楼，淡淡地说："大概是修建这些楼的时候弄的吧？"

老人笑了："真是一个聪明的孩子。确实是这样，这棵树已经有几十年的寿命了，许多年前，这棵树跟别的树一样，树干笔直，枝繁叶茂，树皮光滑，但是在修建这些大楼的时候，落下的砖石泥块掉在它身上，于是树皮和树枝就成了这样。楼房建好以后，所有的阳光都被堵住了，为了寻找阳光，树干就慢慢开始扭曲，最终就成了这个样子。"

女孩的眼睛再次看向了窗外，那棵历经苦难的树在阳光下依然显得很有活力，虽然磨难重重，可是丝毫没有摧毁它那顽强的生命力。

看着看着，女孩的眼睛湿润了，她似乎明白了什么，"谢谢您，爷爷，我懂了！"她那因为久病而显得苍白的脸上多了一丝微笑。

老人看着女孩说道："天地小了，快乐就少了，痛苦就多了；世界大了，微笑就多了，痛苦就小了。孩子，错过了星星，还有月亮，错过了月亮，还有太阳，就算连太阳也错过了，还有整个天空。一棵树为了生命都还在努力争取每一点阳光，我们何必因为错过了星星而抛弃整个世界呢？"

女孩开始积极配合治疗，她就像那棵不幸的树，尽自己最大的努力去争取阳光，用自己顽强的毅力和死神抗争。

几年以后，女孩还是去世了。虽然她没有为自己的生命创造奇迹，但是她却让医生的死亡诊断一次次落空，直到生命的最后一刻，她还是面带笑容。

在女孩留下的日记中，有这么一句话："没有了星星，还有月亮；失去了月亮，还有天空。病痛带给了我痛苦，却也让我懂得了人生。在生命最后的日子里，我失去了很多，却也让我明白了很多！"

在这个世界上，美丽的事物往往有缺憾，比如维纳斯的断臂。它们并不完美，然而这些令人叹息的缺陷却并未减少它们本身的美丽；相反，这些缺陷给人以美丽的想象空间，增添了无穷的魅力。所以很多时候，我们相信有一种美丽叫残缺。

因此，面对生活和工作中的一切，我们不能随意给事物定位，认为哪个是自己应得的、哪个是自己不应该失去的。得到与失去没有什么应该不应该，全在于我们自己怎样去看待。

如果为了一颗逝去的流星哭泣，你失去的可能会是整个星空。换一种心态面对生活，让自己快乐起来，你会发现，自己得到的也许更多。

第五章

温婉如玉，婉约的女人有情调

浪漫女人将日子过成诗

浪漫的女人，是一道独特的风景。浪漫是什么？浪漫是花前携手吟诗，黄昏月下相约；浪漫是夜窗剪烛絮语，红袖中宵添香；浪漫是春天细细的柳叶；浪漫是秋日黄昏长长的思念；浪漫是西湖的细雨中说着情话；浪漫是宁静的小屋里默默凝视；浪漫可以是野地里在女人鬓上插一朵紫云英；浪漫也可以是在情人节里送上999朵玫瑰。

女人喜欢浪漫，浪漫的女人也往往更让男人着迷。很多女人懂得如何创造浪漫，也懂得如何享受浪漫。她会在烛光摇曳的屋里，把头轻轻埋在疼她的男人胸前，喃喃地说着情话，听凭男人一言不发地坐着，抚摸着她的长发。那一刻的她，只想靠着他，只想听着他的呼吸，只希望那一刻的时间能够停止，只希望那一刻能够久一些再久一些。

浪漫的女人喜欢在纪念日里花一整天时间布置房间，操持一桌的菜肴，当然也不会忘记准备一瓶红酒，然后满脸幸福地等待下班的他敲门，为她带回最喜欢的小礼物。哪怕只有一束花，都会让她像个孩子般雀跃不已。她会和他小饮两杯，然后随着音乐，抱着他在屋里跳舞，不在意跳什么，只要能抱紧他就好。

浪漫的女人，不一定美丽，但一定要智慧；不一定聪明，但一定要灵气；不一定优秀，但一定要独立。浪漫的女人，不但要有一份独立的工作，还要有独立的人格，更要有对生活的热情。

浪漫的女人，是一道独特的风景。浪漫的女人同样懂得珍惜浪漫，品味这一瞬间泛起的灿烂涟漪和快乐情绪。

恋爱期间，每一刻都是浪漫时光，甜蜜美好。然而一旦结了婚，日日柴米油盐酱醋茶，生活就容易让人觉得索然无味了。渐渐地，夫妻双方感情就淡了。无怪乎有人说"婚姻是爱情的坟墓"了。

但是，我们不妨这样想想，婚姻不仅带来了现实的生活，同时也给相爱的男女提供了更多相亲相爱的时间和空间，使双方有更多的机会去表达自己的爱意。既然如此，那么要想让夫妻对婚姻生活兴趣盎然，重点就在于双方能否用浪漫将爱散播在生活的每个角落。所以，聪明的女人不妨学着去制造浪漫，为生活安排一些"浪漫时光"。

安悦的丈夫是个温柔体贴的人，个性内敛，虽然深爱妻子但很少表达爱意。安悦懂得为爱情和婚姻"保鲜"的重要性，但她知道让辛劳工作的丈夫制造浪漫是没可能了。因此，安悦通过学习，开始在婚姻生活中为丈夫制造"小浪漫"，为婚姻增加情趣。

一天，应酬到很晚才回家的丈夫，看到台灯下压着张纸条："老公，解酒的茶在杯子里，温暖的爱在被子里。我爱你。"丈夫莞尔一笑，一天的疲惫消失殆尽。他望着熟睡的妻子，心中充满了温柔和爱意。

当丈夫生日的时候，安悦会亲手做爱的晚餐。她会端上几盘色香味俱全的菜，关上灯，点燃几支玫瑰香味的蜡烛，然后倒上两杯醇香扑鼻的红酒，再轻轻地唤出老公。置身于烛光中的丈夫，嗅着一桌饭菜香，眼中心中满是对安悦的欣赏和感激。他拿起酒杯，认真地对妻子说："我会好好珍惜你、爱你，用日后加倍的工作成就，让我们的日子越来越幸福。"

在平时，安悦会偶尔帮丈夫刮刮胡子，在他逞强的时候撒撒娇，或是与他打闹逗趣一番，这都让丈夫感受到她的顽皮、可爱和细腻妩媚。另外，安悦也会通过小物件向丈夫传递浪漫，表达爱意。她会在丈夫衣柜里时不时地放一条新颖典雅的领带，在公文包里放丈夫喜欢吃的巧克力，在汽车里贴上写着"认真开车，安全回家"的心形卡片……这些都让安悦的丈夫感受到安悦的爱和婚姻的甜蜜。

就这样，安悦的丈夫也渐渐变得浪漫起来。安悦生日的时候，丈夫竟然悄悄订了两张飞往欧洲的机票，准备与妻子一起"二度蜜月"。

浪漫是一种爱的艺术，也是确保夫妻爱情巩固、婚姻幸福的技巧。如果你的婚姻没有浪漫的色彩，没有动情的味道，只有日复一日、年复一年的单调，即便没有争吵和矛盾，那也很难说是幸福。

浪漫在夫妻生活中是不可缺少的内容，它包括感情、爱慕、兴奋、趣味等多个方面，并以多种色彩表现出来。突如其来的鲜花是浪漫，餐桌上的蜡烛是浪漫，包装精美的礼物是浪漫，手拉手漫步街头也是浪漫，晨起昏落看着心爱的人更是幸福至极的浪漫。因此，让我们打破日复一日规律化的生活，安排些"浪漫时光"吧！

＊ ＊ ＊ ＊

温柔吧，养一片春光在心底

温柔是一种无可比拟的美。

温柔是一种无形的力量，能够把误解、愤怒、仇恨融化。

造物者用最和谐的美学原则创造了人类，赋予了男性阳刚之美，赋予了女性阴柔之美。正是因为两性之间各有独特的形态，从而形成了鲜明的对比，使得男女对立而统一，组成了人类绝妙的情感世界。

看到"温柔"这两个字，人们很自然地就会联系到"关心""同情""体贴""宽容""细语柔声"这些词。在温柔面前，所有的斤斤计较、强词夺理、得理不饶人，都显得那么的可笑。温柔也是一种真性情，是一个人骨子里渗透出来的一种本能的东西。

温柔可以感觉得到的。当一个女人站在你的面前时，她只要说上几句话，甚至不用说话，你就能感觉出这个女人是不是温柔的。当然，这里的温柔可不是嗲声嗲气，不是故作姿态的假惺惺。

事实上，一个女人最能打动男人的往往是她的温柔，比如她那一双温香软玉的小手，知冷知热，知疼知爱，这种看似再平常不过的温柔抚摸，却能使受伤的心灵渐渐地愈合。

温柔，会缓缓地、轻轻地扩散出来，飘到爱人身旁，如那绵绵的诗意一般，不断地扩展、弥散，将爱人紧紧围拢、包裹，让爱人感受到一种宽松、一种归属、一种温馨……

"红典国际"的总裁黄淑慧，人称"温柔女强人"。

在2004年华裔经济女性影响力论坛上，黄淑慧是风头最劲的女人之一。凭着伶牙俐齿，她让台下的巾帼英雄们对她频频点头赞许。

温柔女人黄淑慧本可以做个幸福的阔太太。她的先生是一位成功的地产商，家中物业收租就足以支付所有生活所需。然而，她不"安分"，喜欢不断追求精彩的人生：她曾在"华视"担任音乐节目主持人，也曾是"新光人寿"超级业务员，24个月蝉联全省业绩总冠军。

1993年，一次偶然的机会，黄淑慧接触到清华大学的一项高科技产品——生物波活性棉。她决定将生物波活性棉研制成能提升人类健康的保健产品，并应用到纺织产品上。1994年，黄淑慧创立了红典国际股份有限公司，与清华大学合作开发了系列保健产品。1995年，黄淑慧着手实施国际贸易市场计划，将"红典生物波"产品成功推广至印度尼西亚、马来西亚、新加坡、文莱、泰国等地，打下如今行销全球的基础。

现实生活中，有不少女强人在事业成功的同时，失去了家庭的温暖。黄淑慧的成功之路，到底是如何走出来的呢？对此，黄淑慧用自己的经历告诉女人们：女人要强，但必须做一个温柔的女强人。

黄淑慧说，女人要懂得慈悲和温柔。一个女性不仅需要智慧，而且需要温柔。有智慧的女人，能知进退，会扮演不同的角色。

女人在跟男人互动的过程中，更要懂得谦虚、包容、不逞强。

"我事业刚开始的时候，先生也反对，婚姻甚至差点亮了红灯。经过慢慢沟通，我讲明我要这样做的理由，争取到了他的理解，现在他非常支持我。"黄淑慧不止一次地说，"一个女性不只要成功、坚强，还要温柔、健康和美丽。"

黄淑慧说，如果女人本身的素质没有男人强，那么要懂得利用温柔的方式成全自己。

女人如水，温柔是女人最基本的个性，也是女人最原始的"武器"。女人要想成为男人眼中唯一的风景，就要懂得什么是温柔，并善用温柔。

一个柔情似水的女人就像一杯散发着醇香的葡萄酒，男人端起便不忍放手，越品越有味道。

温柔是一种气质，它总是自然而然地流露出来，藏不住也装不出，想学也学不来。温柔是一种感觉，任何外在也替代不了的感觉。温柔不是忸怩作态，也不是撒娇放嗲，更不是唯唯诺诺，百般献殷勤。温柔，是适时停止滔滔不绝的高论，是适时放弃咄咄逼人的攻击。温柔的女人聪明却内敛，与之相处的人都会被其温柔的气息所感染。

女人可以不美丽，可以不年轻，但不能不温柔。一个温柔的女人，到哪儿都是惹人怜惜的。温柔的女人宽容，灿烂的笑容中渗透着亲和力，即使没有火样的热情，也会散发出一股清凉，沁人心脾。

不管事业成功与否，你都应重拾温柔的天性，以宽容心与温柔的方式待人接物。这个世界已经够喧嚣的了，当你回归温柔本性的时候，你会发现，温柔是最有利的"社交武器"，丰盛的成果往往就隐藏在温柔付出的后面。

❋ ❋ ❋ ❋

"轻熟女"，男人眼里美丽的一道风景线

一个真正的"轻熟女"，应该有着"入世"的态度，却具备"出世"的情怀，穿透梦幻，直面现实，有着理想的人生状态。

30岁的苏婉，年纪轻轻就自己创办广告公司，是个标准的"轻熟女"。她喜欢精致舒服的生活，朋友都觉得她保养得看起来比实际年龄小，喜欢思考，与众不同。虽然有众多追求者，但是苏婉对待爱情和婚姻的态度却一直很从容。

苏婉说："我觉得女人的整个生活状态应该是'轻熟'，这样就会具备一种气质。当异性第一次见到自己的时候，会不自觉地被吸引，这样便使双方有了进一步接近和沟通的愿望。"

苏婉对于"轻"的理解是："一方面是外貌青春，这要靠平时的努力，不能放松，对服装打扮做小小投资；另一方面则是小女人情怀，即使很独立，但是心态上还是要保留女孩的浪漫和温和，还有谦逊，这会让异性感到舒服。总而言之，要做'懂事'的女生。"

关于"熟"，苏婉认为这是"一种独立而协调的状态"。女人的"熟"不是通过与异性的交往养成，而是来自于对待工作、生活、朋友的心情。苏婉说："在工作中保持独立、有见解；对朋友保持真诚、有信用；懂得生活，培养好的兴趣爱好和生活态度，形成这些之后，在与异性的交往之中，自然而然你就更加有魅力了。"

苏婉还指出："很多女人恋爱后太专注于爱人，而忽略了自己的世界，慢慢没有了自己。"她认为这是不对的，因为懒惰、依赖男人，女人就不再有魅力了。苏婉说："即使恋爱火热，'轻熟女'也会留出时间来和朋友见面交流、做自己感兴趣的事情、思考工作上的东西，因为留有自己的空间是维持自己协调生活的重要支撑。"

经过岁月的洗礼后，"轻熟女"的身上流溢的满是成熟的风情，恰如枝头成熟的果实，极具魅力，备受眷顾。那么，"轻熟女"有哪些特质呢？

为什么轻熟女让人意乱情迷？

1.风姿

这是一个绝对的褒义词，它与风情、风韵有关。小女生可以靓丽，但风姿是成熟女生"修炼"多年后散发出的一种沉香，模仿不来，学习不像，需要时间的沉淀。花是易谢的，只有果实才可以慢慢品尝。

2.女人味

很多人认为，"轻熟女"比小女生更精致，更能打动人心，因为她更成熟。"轻熟女"比小女生更耐看、更妩媚，其中关键的一点就是她更有女人味，她的眼神及身体语言更丰富，而且风情万种。

3.气质优雅

小女生失恋了，可能会扔东西、大哭大闹，仿佛整个世界都毁灭了，痛不欲生。但如果换作一位"轻熟女"，如果她在生活中遇到了"陈世美"，她只会平淡优雅地说一句话："你慢走，请把门带上。"

4.独立

"轻熟女"不依赖人，不靠撒娇去赢得自己想要的；不去迎合，而是个性独立，看重的是自己拥有什么，而不是向男人索取什么。她们有自己的生活和事业。她们不依靠男人，她们的爱情也就显得更潇洒。

5.体贴

"轻熟女"更会宽容人、关怀人，更会约束自己的言行。她的身上蕴含着一种有力量的温柔，博大、积极、温暖人心。小女生也许只会伸出手让你牵，而成熟女性更懂得伸出手，轻拍你肩上的灰尘，或者为你整理一下衣领，动作简单，却温暖十足。

6.内心丰富

"轻熟女"内心丰富，以气质取胜。花是用来看的，成熟女人的美是用来品的。这种美持久不衰，由内而外地渗透出来，使一个女人散发出不可言喻的魅力。

❋ ❋ ❋ ❋

有魅力的女子：神秘、迷人的别样之美

有魅力的女人是迷人的，她们充满神秘感，令人愿意与之交往。追求魅力，是很多女人的信仰，魅力让人的生命更加多彩多姿。一个富有魅力的女人，无论在绿意盎然的山林还是在喧嚣纷扰的城市，都能气定神闲，温文尔雅，散发出一股透人心脾的幽香。

女人的魅力不在脸上和身材上，真正的魅力主要表现在她特有的气质上。

魅力需要内外兼修，内在甚至比外在更重要。信心和自尊，是最重要的魅力元素。

三毛生于1943年3月26日，本名陈平。据说，她是因为三岁时进书房，生平第一次看了张乐平的《三毛流浪记》和《三毛从军记》，觉得很喜欢，后来就用"三毛"来作为自己的笔名。

1974年10月6日，她的一篇作品《中国饭店》在报刊上发表了，"三毛"这个文学作者第一次为世人所认识。此后17年，三毛走遍万水千山，将撒哈拉沙漠的苍凉化为异乡的感伤……

三毛最大的魅力就是她的生活方式，可以说，她的生活方式对20世纪六七十年代的女性影响很大。1976年，她的一部作品《撒哈拉的故事》出版，三毛开始走进读者的视野，并成为影响未来几代中国女性成长的作家。当时，三毛是崇高的青春偶像，三毛给予她的爱好者的是精神深处的鼓舞和震撼。三毛令人喜欢的原因在于她是一个行者，身上寄托着很多人浪漫的漂泊的梦想以及身体力行实现梦想的勇气。她成为当时那个时代一种诗意生活方式的代表，她的生活方式又成了文学青年的一种向往的自由。

三毛在她48年的人生旅途中，游历了17年，行程可环绕地球15周，从南极到北极，从非洲撒哈拉沙漠到欧美豪华都市，仅重复旅游过的国家就有59个，世界上很多的地方和角落有她的足迹。她发表了23部共150万字的作品，被译成英、法、日、西班牙等15个国家的文字，广泛传播，"三毛热"一时风靡全球。

作为一名女性，尤其是作为一名中国女性，这样的成就是殊为难得的！无论是她的勇敢和毅力，还是顽强和不屈，抑或是她的生命力和适应力，她都是一位伟大而充满传奇色彩的神奇女性！

三毛没有绝色的美貌，却有着天生的神韵，以至于很多人会忽略她容貌上的不足而对她念念不忘。三毛做到了如她所写的："无言是最高的境界，你看，天地不是无言吗？"远去的三毛已化为书迷心中一道凄美的彩虹，一棵永远的橄榄树。三毛不曾随着岁月流逝而消失在人们的记忆中，她用她独有的魅力书写了谜一样的人生和传奇。

曾与三毛有书信往来的贾平凹说："三毛不是美女，高个子，披着长发，携了书和笔漫游世界，年轻坚强而又孤独，对于大陆年轻人的魅力，任何局外人做任何想象来估价，都不过分。许多年里，到处逢人说三毛，我就是那其中的读者，艺术靠征服而存在，我企羡着三毛这位真正的作家。"

《三毛私家相册》的作者师永刚在被问及如何评价三毛时，说："三毛是这个时代最后一个波希米亚女人。她以流浪的方式名世，又以决绝的姿态告别红尘。她寻找的世界正在成为一代青年人的标本，三毛塑造了一个年代的青年偶像，而后来者仍然在用一切方式模仿她，可她的灵魂永远无法模仿，因为三毛是唯一的。"

三毛的魅力发自内心，不矫情却温暖人心。年轻、坚强而又孤独的三毛对人的吸引力是致命的，因为那是天性的流露，那是魅力的展现。

女人可以没有桃花那样的灼灼之美，但可以如兰芷，如梅花，在生活中面对清风和寒霜，拥有不具有侵略性的美，幽香袅袅，沁人心脾。女人应该学会用理智的思绪去思考问题，学会用成熟、淡定的目光去欣赏世界。一丝高雅，一丝自然，一丝与众不同……这样的女人是美丽的，而且会变得越来越美。

外表的美总是最初的，短暂的，就像天空中的流星，美则美矣，却是一闪而逝、不能长久的。年轻容颜不可能永驻女人的脸上，岁月易逝，青春会老。女人虽不能永远年轻，但可以越来越美丽，越来越有魅力，散发出一种岁月雕琢过的美，迷雾一般，似梦非梦，吸引着人去探索。

杨丽萍出生在云南大理一个普通的白族家庭。从小酷爱舞蹈的她，没有进过任何舞蹈学校，却凭借着惊人的舞蹈天赋，1971年从村寨进入西双版纳州歌舞团，用她那美得令人窒息的肢体表达艺术，开启了我们对艺术无限可能性的想象。

1992年，杨丽萍成为中国大陆第一位赴台湾表演的舞蹈家。1994年，她的独舞《雀之灵》荣获中华民族20世纪舞蹈经典作品金奖。2003年，杨丽萍任原生态歌舞《云南映像》总编导及主演。2009年，她编导并主演《云南映像》姊妹篇《云南的响声》，再获成功。

在2012年央视春晚上，杨丽萍以54岁高龄，舞动奇迹，舞出令人惊叹的《雀之恋》，再展舞蹈诗人的风姿。所有观看杨丽萍舞蹈的人，都会进入她构架的如诗如画的意境，都会情不自禁被她表现出来的美所感动。有人奉她为"舞神"，因为她的创作有一种未被污染的灵气。她的舞蹈因为纯粹而永不过时，因独创而弥足珍贵。

杨丽萍说："有的人来到世界是想传宗接代，有的是来享乐的，有的是来索取的，而我是一个旁观者，只想好好来这个世界走一走。"

杨丽萍的魅力是没有人可以否认的，岁月给予她的不是皱纹，而是魅力，是看得见、学不到的风致。这大概是一个女人对生命和魅力的极高追求吧！

魅力不等于性感，也不等于漂亮，而是潜藏于女性本质里的韵味。魅力女人是内心有风景的女人，魅力女人是赏心悦目的，她们有高雅的气质、得体的妆容、优美的举止……魅力是从女人的身体内部和心灵深处自然而然流露、涌动、喷发出来的一种气韵，说不清，道不明，只可意会，不可言传。

"打工女皇"吴士宏在荣获了无数的鲜花和掌声后，仍然珍视着自己的女人本色，她说："希望人们看到我的工作能力，但我也不希望人们忽视我的女性魅力。"其实，能力和魅力本不矛盾，有能力又美丽的女人，能够在人生中拥有更多获取成功的机会。

有魅力的女人，永远优雅。身体可以逐渐苍老，但她们的心永远不老，甚至会越来越年轻。魅力女人是有风情的，是一道神秘而迷人的风景。

✼ ✼ ✼ ✼

优雅，是穿透时光的美丽

优雅，是女人必修的功课，是女性魅力的一种高境界。我们不妨用拆字法对"优雅"这个词进行细致的分析，所谓的"优"指的是一个人内在的品质、涵养、气度、心态所具有的完美状态，而"雅"则是一个人内心所处的完美状态的外化，包括优雅的举止、文雅的谈吐和高雅的形象。优雅实际上是内在和外在完美结合的产物，是一种内外交融的神韵之美。

优雅是女人的魅力武器。一般来说，善于运用优雅的女人，更容易成功。

优雅也许是一个迷人的微笑，一句贴心的话语，一个扶助的动作，一个相知的眼神；优雅也许是一种对生活的自信，一种积极乐观，一种从容镇定，一种谦逊善良……

总之，优雅是一种心灵深处自然萌生的感觉，亲切温暖得让人愉悦，并且不管面对怎样的环境和挫折，它都能始终保持不变。

陈燕妮是个众所周知的优雅女人，提到她，就要说一说她的文笔。从陈燕妮的文章里可以看出，她是个轻灵敏感多于沉稳干练的女子。在她的笔下，女人所有的触觉和感性的思维在轻轻地颤动，让那一个个被人们忽略、遗忘的故事重新以鲜活的面目再现。你可以不佩服她细腻的文笔，但你不能不为她纯属女性的敏感的洞察力而倾倒。

从《遭遇美国》的轰动开始，陈燕妮的书就成了国人认识美国的一个窗口。人们在她的充满女性意识的笔下认识了美国更多的角角落落，也看到了更多中国人在大洋彼岸的艰辛和奋斗，以及中西文化碰撞中曲折的心灵体验。从做《美东时报》的新闻记者，到在中文电视台工作，陈燕妮在5年后出了第一本书《告诉你一个真美国》，随后几本讲述华人在美创业以及华人回国经历的书一经面市，就成了当季的畅销书。后来，她创办了《美洲文汇周刊》，自己担任总裁。

从陈燕妮的言谈举止中我们可以看出，她不经意间总会流露出一种自信。对于一个经历丰富的女人来说，这种自信比年轻美貌的自信似乎来得更有理由。

那么，陈燕妮是怎么看待优雅女人的呢？

"我认为优雅的女人首先应该知道自己是谁。其次她应该是个成功的女人。试想一个身着高贵的晚礼服的女人，在宴会上可能做出各种优雅的姿态，可一转身却向身后的男人要生活费，你还会觉得她优雅吗？有了成功事业的女人，才会有充足的自信体现出气质的优雅。"

　　与陈燕妮接触过的人都说她是那种可以在说笑间让你接受其想法的人，不经意间让你感受到她的力量，是那种有特殊魅力的人。

　　真正的优雅是一种气质之美，是一个女人独特的风格。

　　优雅是内在涵养的释放，是女人骨子里最深刻的美。优雅的女人气质像竹，亭亭玉立，高贵脱俗，即使身着一袭布衣，也会令人从简单质朴的外表下捕捉到这种不凡。优雅的女人有充实的内涵和丰富的文化底蕴，超越了外表的美。

　　有人说："岁月的全部馨香和芳菲都在一只密封的袋里，矿藏的全部美妙和富裕都在一块宝石的心里，在一颗珍珠的核里有着大海的全部阴阳。"人也是如此，女人所有的魅力和优雅都是深藏在骨子里的，由内而外散发出最持久的光芒，也是最令人羡慕的。

❊❊❊❊

你缺少的不是美丽，而是独有的气质

生活中，我们经常会看到这样一些女人：她们周身堆满名牌，满身挂金戴银，但怎么都没有味道。气质需要内外兼修，形神兼具。外所谓形，内所谓神，神气之足，外形自具，而外在之修饰臻于完美，也促使内在气质达到完善。

气质是一种复合的美，是通过后天的努力与修炼达成的美，它不仅不会随年岁的改变而消失，反而会在岁月的打磨之中而日臻香醇久远，散发出与生命同在的永恒气息。现实中，那些耐人品味的女人，那些言行举止优雅的女人，往往并不是因为貌美惊人而有吸引力，而是因为有着良好的品德修养。

如果说容貌有形，气质则是无形的，它是一个人内心的外在表现。外表的美丽是短暂的，气质却是长久的。气质是每个人相对稳定的个性特点，每个人的习惯、个性与内在修养不同，因而每个人的气质也就不一样。但无论你从事何种职业，处在什么年龄，只要你拥有丰富内涵、良好素养和修养，你就能拥有自己独特的气质。没有良好的内在修养、胸无点墨的女人即使再美也毫无光彩，而许多相貌平平的女子，因为有了高雅气质的衬托，所以越发显得神采飞扬，风韵动人。

在一次辩论会上，"蓝领"家庭出身的职业女性朗雯成功获胜后，开始收到请柬去各个中上层社会活动中演讲。从小就梦想生活在中上层和成功者的生活圈中的朗雯，终于成功地挤入这个社会阶层。

但是，朗雯却找不到期望中的愉快感受，因为她处处感到自己与那个阶层的人不同。朗雯没有他们得体、自如的举止，也没有他们富有品位的风格和情调。她感到自己格格不入。

晚会上，别人穿着高雅的晚礼服，她却穿着严肃的职业装；别人优雅地握着红酒杯一点点地品酒，她却按习惯仰起脖子一饮而尽；别人矜持含蓄地微笑，她却毫不掩饰自己，抖动着身体豪爽地大笑；别人用悦耳的嗓音和地道的伦敦口音讲话，她一张口却是刺耳的东区"蓝领"口音；别人谈皇家歌剧院，她却只知道流行歌手"辣妹"……

这样的体会让朗雯感到前所未有的不足，严重打击了她的自信。于是，朗雯决定进行一次彻底的自我改造，把自己变成一个地道的中上层人。

于是，朗雯开始学习中上层人们的举止，从餐桌上的礼仪、走路的步态、入门的仪态到交流中的手势，甚至包括举杯的姿势；朗雯到声音教练那儿学习腹腔发音，去掉尖刺高频声调；她去学讲标准英语，改掉自己的东区"蓝领"口音；她的一头的波希米亚风格的头发被发型师重新设计；她去歌剧院参观排练，了解歌剧知识；她去观看马球比赛，学习中上层社会的体育运动和方式……

四个月之后，新的朗雯举手投足间都散发着优雅、迷人的气质，她非常轻松、愉快地重新走进了原先的社交圈。

美丽和气质是两个不同的概念。气质包含了更多的元素，不仅指天生的容貌，更多的是举手投足、穿着打扮显露出来的品位、谈吐，还有从内心深处散发出来的自信。

有气质的女性总会吸引人们的注意，能轻松地赢得周围人的好感，人们喜欢和她们在一起，这使她们拥有良好的人际关系；有气质的女性一般都受过良好的教育，有深厚的文化底蕴，有良好的内在修养，因此她们很容易获得他人的青睐；甚至对有气质的女性来说，爱情都会相对顺利。

有一些女人很幸运，她们天然有着一种优雅的气质。不过气质也可以后天培养，而且后天培养也最为关键。培养气质修养，任何时候都不晚。

很多女人以为只要时时注意打扮自己，就会有气质，就会有魅力，这种想法真是大错特错。

气质是一种由内而外散发的东西，要通过很多方面、经历很长时间培养起来，包括你接受的教育、你的品位，还有你后天的努力等。外在美可能几个小时就能学到，但是内在的气质却需要修炼，而且绝对需要时间的打磨。

你可以不漂亮，但必须精致

身为女人，你要精致地活着。

优雅知性的杂志女主编梦萍，回忆起自己当年在法国留学的日子，感慨万千。

毕业那年，梦萍四处奔波找工作，忙碌好久，却迟迟没能如愿。那样的日子再继续下去，除了回国，别无他法。她不知道问题出在哪儿，直到那位女面试官用鄙视的语气告诉她，她的形象与简历不相符。她发誓，可以用能力让女面试官收回对自己的鄙视。可惜，对方没有给她展示能力的机会。

梦萍的房东爱玛是个苛刻而考究的女人，在家里给梦萍列出了很多条要求——不允许12点之后还亮着灯，不允许洗浴时间超过10分钟，不允许穿戴不整齐就进入客厅，不允许用整洁的厨房做中餐，不允许家里有客人造访时不擦口红……

梦萍坦言，她当时真的很讨厌爱玛，可奇怪的是，周围的人却都说爱玛是一位不错的房东。

有一次，梦萍刚洗过头发，坐在床上一边看招聘消息，一边吃面包。爱玛见到后，径直走了过来，夺下梦萍手里的报纸和面包，指责她没素质。一气之下，梦萍披散着头发，穿着睡衣，披上外套走了出去。

这些年来，从来没有谁说过梦萍没素质，她傲人的成绩和出色的能力，让她一路走得都很平坦。她的家境不错，但母亲从不娇惯她，一直提醒她，能力最重要。她想不通，为什么这里的人那么喜欢"以貌取人"！

天气寒冷，梦萍也很饿，出门后她就去了一家咖啡馆。咖啡馆的人很多，服务生将梦萍引到一个空位上，用一种奇怪的眼神看着她。梦萍的对面坐着一位法国女士，她看起来尊贵精致，穿着十分讲究。梦萍有点不好意思，她的睡衣、运动鞋在对方的套装、丝袜、高跟鞋面前，像是一个卑微的小丑。梦萍突然觉得，若不是因为自己披了一件价值不菲的外衣，这家高级咖啡馆恐怕会将自己拒之门外。

梦萍点了一杯咖啡。服务生离开后，那位法国女士什么也没说，只是拿出一张便笺，写了一行字给梦萍，上面写着：洗手间在你的右后方。梦萍抬头看着她，她优雅地喝着咖啡，全然当作没这回事。梦萍尴尬至极，想起房东爱玛方才对自己的指责，竟然也觉得爱玛没什么错。

对镜独照，看着自己一身皱巴巴的睡衣，被风吹乱的头发，嘴边沾着的面包屑，梦萍平生第一次看不起自己。她觉得，这副装扮似乎是在喻示：她不尊重自己，也不尊重他人。

稍作整理之后，梦萍又回到了刚才的座位上，那位法国女士已经离开了。她给梦萍留了一张字条，上面有一句漂亮的手写法语：身为女人，你要精致地活着，这是女人的尊严。

梦萍迅速地离开了那家咖啡馆。到家后，她才发现爱玛一直在客厅里等她。刚一见到梦萍，爱玛就说她回来晚了，要她明天帮自己打扫房间。梦萍向爱玛道歉，同意了她的要求。不过，此时的梦萍已经对爱玛有了改观，她发现爱玛的"很多条要求"给自己带来了很多益处。比如，早点休息可以让自己拥有更好的精神状态；穿着优雅可以让自己更自信，并赢得他人的尊重。

后来，梦萍如愿地应聘到一家时尚杂志做助理。她得体的装扮和良好的精神状态，为她赢得了对方的肯定。那位精干的女上司对她说："你非常优秀，我们欢迎你。"梦萍惊奇地发现，她的上司竟然就是上次在咖啡馆里遇到的那位女士，她是业界非常有名的杂志主编，不过她没有认出梦萍。

梦萍对她说了一声谢谢。那一句，不是客套的回应，而是发自内心的感激。她感谢这位优雅的女士给她上了一堂宝贵的课：身为女人，你要精致地活着。

精致的女人是懂得生活的女人，有着旖旎动人的本色，有着心细如发的柔情，有着独特的韵致与馨香。

精致，是一种极致的学问，是随着岁月老去却依然刻骨铭心的"格"与"调"，怎么看，都不会厌倦；怎么听，都不会腻烦；怎么想象，依然清新。

一个精致的女人更容易在爱情中占尽优势，因为她总能够将自己的优势显露出来，让自己充满魅力，让男人情不自禁地爱上自己；一个精致的女人在工作中会冷静地处理突发事件，永远不会手足无措，有一份难得的从容、自信与淡泊；一个精致的女人会很好地把握自己的身份，是父母的好女儿，是丈夫的贤妻，是儿女的慈母，是姐妹的知己……她知道收放，懂得进退，赏心于己，悦目于人。所以，作为女人，不管你是否漂亮，一定要做到精致。

不是每个女人都天生丽质，即使你无法拥有国色天香的姿容，你只要不断完善锻造自己，用心地对待自己，不浓妆艳抹也不素面朝天，简约而不简单，每天把自己打扮得清清爽爽，你依然会让人心动不已。

精致女人，精致的是一份心情，是一种生活的态度，她们绝不是花瓶，而是花瓶中那娇艳的鲜花，用绽放的青春和生命来点缀这无悔的人生。

小娴是个很漂亮的女孩子，大都市中标准的"白领"。她经常收到诸如"你的衣服很漂亮""你的发型很时髦"之类的赞美，她也会因为这些而感到骄傲。年轻的女孩子，都希望自己成为别人眼中最漂亮的那一个。

小娴的一个客户叫季宁。季宁不是那种特别耀眼的帅哥，但是很耐看。当小娴第一次看到季宁的时候，得体的西装衬托出季宁与众不同的气质，风度翩翩，给自己留下了深刻的印象。小娴很乐意与这样的绅士合作，并且日久生情，爱上了他。

在同事的鼓励下，小娴鼓足勇气向季宁表白。收到表白，季宁并没有过多地表态，不拒绝也不接受，但是他默许了小娴出现在他的视野里，这让小娴对自己有了更多的自信。别人都说，他们是郎才女貌，很般配。

生日那天，季宁出现在小娴的家门口，送来一份精美的礼物。当季宁的目光扫视满屋子的狼藉和破旧的沙发后，他的眉头微微皱起，这表示这样的环境令他有些失望。微小的表情被小娴尽收眼底，她觉得很尴尬。而当季宁看到一只脏兮兮的小狗正满地乱跑时，彻底被吓到了。只待了一会儿，季宁便称有事先走了。

季宁转身的那一幕，小娴感觉受到了深深的伤害。她突然发现，外表光鲜靓丽的自己，背地里又多么懒惰。那是一个漂亮女人背后真实的一面，被人赤裸裸地剥开了。

小娴看着被她捡来的流浪狗正可怜巴巴地躺在那里啃骨头，身上的毛都已经卷起来了，像穿着一件多年没有洗过的旧衣服。屋子里破旧的沙发，是因为有缺陷而便宜处理的优惠商品。还有满床的衣服，她总是想着买一些漂亮的衣架将它们挂起来，却一直拖到现在。

以后的每一天，小娴都用心地整理家里的东西。破旧沙发被她处理掉，节省下来的美容的钱被用来换上新的软皮沙发。阳台上多了几盆赤梅，用心浇灌着。小小的衣柜买来了，将各种名牌衣服整理干净挂在柜子里。在大门处贴了一张大大的笑脸，给整个屋子增添了不少温情。

半年的改变，当小娴终于能够直面朋友的来访时，不再是尴尬的表情，而是笑意盈盈，朋友看到她精心收拾的家时，也不由得羡慕起她高雅的品位来。

不是生活状况决定品位，而是品位决定生活状况。品位不一定是奢侈品，也不一定是消耗品。有品位的女人不会追随潮流、标新立异、追求奢华，也不会胡乱将就，流于粗陋，更不会反复强调重返青春的愿望。她们从混乱和盲目中跳出来，用经验和眼光让自己变得更美，用智慧和修养不断地完善自我。

有人说，好女人是一本好书，而一个有品位的女人更是一本永远也让人读不够的书，因为她们总是不断地为自己充电，让自己更完美、更充实，让人总能在人群里一眼就发现她，发现她身上那夺目的光彩。

第六章

妙语生香，婉约的女人"会说话"

换一种方式，让你的表达更有分量

俗话说："良药苦口利于病，忠言逆耳利于行。"然而，在日常生活中，似乎没有几个人愿意喝这种"苦口良药"。事实上，裹着"糖衣"的药，往往更容易被大众所接受。所以，我们在给别人提意见的时候，不妨换一种方式，让自己的表达更有分量。

古代有一个叫列侬的小国。人们都把列侬王国的王后尊称为"斯苔"，她是个十分善良、温柔而又贤惠的女人。国王法赫尔·杜列驾崩以后，其子继位，号为玛智德·杜列。由于玛智德年纪尚幼，只好由母亲代政。

一天，强大的苏丹玛赫穆德，派了一使者到列侬，向斯苔恐吓道："你必须呼我万岁，在钱币上印铸我的肖像，对我称臣纳贡。否则，我将率军攻占你的国家，将列侬纳入我们的版图。"使者还递交了一封重要的信件——战争的最后通牒。

列侬王国的百姓得到这个消息，群情激愤，与敌人誓死血战的气氛笼罩着这个弱小的国家，但斯苔王后却宣布与敌人讲和。一时间，权臣和百姓对王后的行为都百思不得其解，甚至有人诽谤她是"靠出卖身体换回权力"，大家都怀疑她与强大的苏丹有暧昧关系。但是这个明智而坚强的王后宁愿做"坏女人"，亲自赴苏丹的"鸿门宴"，为自己的祖国争取和平的机会。

苏丹确实早就倾慕王后的美貌与风韵，宴会的地点选在了国王的寝宫，还不准王后带一个随从。苏丹的目的不言而喻——得到列依王后。

可事实的真相到底怎么样呢？

在华丽的苏丹床榻边，盛妆高贵的王后用温和、不卑不亢的语气对苏丹说："尊敬的玛赫穆德苏丹，假如我的丈夫法赫尔还活着的话，您可以产生进犯列依的念头，现在他谢世归天，由我代行执政，我心中思忖：玛赫穆德陛下十分英明睿智，绝不会用倾国之力去征讨一个寡妇主持的小国。但是假如您要来的话，至尊的真主在上，我决不会临阵逃脱，而将挺胸迎战。结果必是一胜一败，绝无调和的余地。假若我把您战胜，我将向世界宣告：我打败了曾制伏过成百个国王的苏丹。而若您取得了胜利，却算得了什么呢？人们会说：'不过击败了一个女人而已。'不会有人对您大加赞美。因为击败一个女人，实在不足挂齿。"强横的苏丹听到这话很震撼，看到她那恬静无畏的表情，苏丹彻底放下了手中的"屠刀"。在斯苔王后执政期间，玛赫穆德苏丹一直没有对列依王国兴师动武。

斯苔王后的高明之处就在于很好地考虑了自己的性别角色，向同样强大的敌人展示了自己柔弱的一面，这等于向对手宣告："好男不和女斗，如果你还算一个有点儿胸襟的男人，就应该放弃对一个弱女子的攻击。"这样反而令对手恐惧，也就不好意思再争斗下去了。

唐朝诗人常建曾写过这样一句诗："曲径通幽处，禅房花木深。"意思是：禅房坐落在深山花木丛中，通往禅房僧院的道路是起伏不平、曲曲折折的，需要经过一番跋涉才能到达。

这句诗道出了曲折前进的哲理。说话也是这个道理，有的情况下开门见山，"打开天窗说亮话"未必能取得事半功倍的效果，那就不妨试试"曲径通幽"。当有些话不方便直接说出口，如果直接说出来会让对方心里不舒服时，就可以通过隐晦的方式"拐着弯"说。

美国经济危机期间，约翰的家同许多家庭一样陷入了贫困之中。约翰是家中最小的孩子，他的衣服和鞋都是哥哥姐姐们穿小了的，传到他这里，已经破烂不堪。

一天早上，约翰的妈妈递给他一双鞋，鞋子是褐色的，脚趾部分非常尖，鞋跟比较高，很显然是一双女式鞋。他虽然感到很委屈，但是他知道家里确实没有钱给他买新的鞋子。

快走到学校的时候，约翰低着头，生怕遇到自己的同学笑话自己。可是，突然，他的胳膊被一个同学抓住了，只听对方大声喊道："哎！快来看呐！约翰穿的是女孩子的鞋！约翰穿的是女孩子的鞋！"约翰的脸刷的一下就红了，他感到既愤怒又委屈。

就在这时，杰瑞丝老师来了，大家一哄而散，约翰也乘机回了教室。

上午是杰瑞丝老师的课，她问大家想不想听有关牛仔的生活和印第安人的故事，大家都说想听。于是，杰瑞丝老师给大家讲起了有关牛仔的生活和印第安人的故事，大家听得津津有味。

杰瑞丝老师有个习惯，就是边走边讲。当她走到约翰的座位旁边时，她嘴里仍旧不停地说着。突然，她停了下来。约翰抬起头，发现她正在目不转睛地注视着自己的那双鞋，他一下子又感到无地自容。

"牛仔鞋！"杰瑞丝老师惊奇地叫道，"哎呀！约翰，这双鞋你究竟是从哪里弄到的？"

杰瑞丝老师的话音刚落，同学们立刻蜂拥了过来，他们羡慕的眼神让约翰快乐得近乎晕眩。同学们排着队，纷纷请求穿一穿他的"牛仔鞋"，包括先前嘲笑他嘲笑得最厉害的那位同学。

人与人之间原本没有那么多的矛盾纠葛，往往因为有人只图自己嘴巴一时痛快，说话前不加考虑，想到什么就说什么，只言片语伤害了别人的自尊，或者说话不讲情面，甚至以尖酸刻薄之言讽刺别人，让人"下不了台"，如此对方心中怎能不气？

真正伤害心灵的不是刀子，而是比刀子更厉害的东西——恶语。俗话说："良言一句三冬暖，恶语伤人六月寒。"我们在生活中与人说话时，必须谨慎注意，不要因自己的话语而给对方造成伤害。

让忠言变得"顺耳"，其实并不难，只要掌握一些基本的沟通技巧，就能让双方在心情舒畅中达成共识。

1.想好之后再说

"顺耳"的话，都是想好之后说出来的。当对方向你说明一个新的决定时，不妨先听清楚整件事情的来龙去脉，思考片刻，然后再说："现在你想听听我的建议吗？"也可以说："想不想听一个和你的想法完全不同的主意？"如果对方表示出想听的意愿，通常他也会将你的话当作重要的参考；但如果对方反应冷淡，你不妨选择沉默。

2.别让叙述的口气变得严肃而沉重

向对方提意见时像一个权威专家一般阐述自己的观点，常常会让对方感觉压抑，容易产生排斥的心理，也可能使你们的沟通进入僵持阶段。例如，直接说"你还不如辞职不干了"或者"我要是你，我就辞职不干了"，只会给对方增添心理压力，不如换个方式这样说："你有没有考虑过变换一下自己现在的环境？"也可以说："你不妨先辞职，再看具体情况，做下一步打算。"

3.意见中有赞美，减少话语中的"攻击性"

有时候你明明说的是很中肯的话，但对方未必能听到心里去，很重要的一个原因就是，你的措辞过于"咄咄逼人"，也许在不经意间就伤害了对方。对此，你可以尝试着先真心诚意地认可和赞美对方的某些观点，然后再询问："你确定这个想法就是最好的吗？"接着说出自己的想法。如果你的建议最终没被采纳，不要因此变得愤怒或尖刻，要知道，你的目的是让对方妥善处理问题。

对他人太过直接地批评，会损害他人的自信，伤害他人的自尊。如果你旁敲侧击，对方知道你用心良苦，不但会乐于接受，还会因此感激你。所以批评他人时，要学着换一种对方易于接受、乐于接受的说话方式，注意说话的技巧。

善于赞美，让你的话令人听来如沐春风

我们要学会说话，学会把赞美送给渴望被赞美的人，学会用衷心的赞美温暖别人，让自己的话令人听来如沐春风。

每个人都会因为来自社会或他人的恰当的赞美而感到满足。当我们听到别人对自己的赞美、欣赏，并感到愉悦和备受鼓舞时，不免会对说话者产生亲近感，从而使彼此之间的心理距离缩短。

一天，化妆品推销高手玫琳·凯与朋友一起到成衣店去逛，听到旁边有两个女孩子在说话。两个女孩一个金发一个黑发。金发女孩买了一件新衣服，穿起来很好看，黑发女孩赞她："刚才你放下的那件衣服，扣子挺漂亮的。"金发女孩突然有点生气："那是什么破衣服，扣子难看死了，看看这个。"

这时，玫琳·凯和朋友走了过去。玫琳·凯面带笑容对金发女孩说："这件衣服的领子很漂亮，衬得你的脖子像高贵的公主一样有气质，要是再配上一条项链，那就简直完美极了。"金发女孩很高兴，因为她也是这么想的。她嫌弃黑发女孩没有欣赏眼光，黑发女孩不服气："我也是这么觉得的，只不过没说出来罢了。"

玫琳·凯对黑发女孩说："其实你可以试一下这件，它特别能衬托出你优美的身材。"黑发女孩也高兴起来了。

"当然，要是你们脸上的肤色再稍微护理一下，会显得气质更加优雅。"于是三人开始聊起了美容化妆的话题，这是玫琳·凯最擅长和最希望的。

后来，两个女孩都成了玫琳·凯的忠实顾客。

可见，一句简单的、得体的赞美他人的话，会带来多么大的影响。

在美国商界，年薪最早超过100万美元的管理者叫查尔斯·斯科尔特。他38岁时被安德鲁·卡内基选拔为新组建的美国钢铁公司的第一任总裁。他说："在如何制造钢铁方面，我手下的许多人比我懂得多。但是，我有自己独特的能力，即我有能够鼓舞员工的能力，这是我拥有的最大资产。能够让一个人发挥出最大能力的方法就是鼓励和赞美。"

记住：没有人不希望得到别人的赞美与重视，没有人喜欢受到指责和批评。赞美是一种美德，不需要付出很大的代价和力气，就能让人感到舒服和享受，给人一种精神上的支持和力量，让绝望失意的人重新鼓起勇气，树立信心。一句赞美的话胜过一剂良药，不仅能给别人带来好运，还可以使自己心情舒畅。

郑香玲是一家汽车经销商的服务经理。在她所在的公司里，有一位员工的工作每况愈下。然而，郑香玲并没有对他进行指责或者威胁，而是把他叫到办公室，跟他进行了坦诚的交谈。

郑香玲是这样说的："胡师傅，你是一位很棒的技工，在现在的这条生产线上工作也有好几年啦，你修出来的车子也都让顾客很满意。事实上，有很多人夸你的技术很好。只是最近，胡师傅，你完成一件工作所需的时间好像加长了，而且质量也比不上以前的水准。你以前真是一位杰出的技工。我想，你一定也知道，我对现在这种情况不太满意。也许，我们可以一起来想办法解决这个问题。你认为呢？"

胡师傅说："我并不知道我没有尽好自己的职责，非常感谢您，我向您保证，我一定会胜任我接下来的所有工作的，我以后一定要改进。"

后来，胡师傅做到了吗？他非常尽力地去做了，工作保质保量。

郑香玲就这样，在"高帽子"的掩护之下轻而易举地解决了员工的工作质量问题。她委婉的表扬还让胡师傅窃喜，胡师傅不仅更认真负责地工作，对郑香玲这位女领导也更加尊敬了。

由此可见，如果你想在把话说好、把事办好的同时还能赢得对方的好感，就少不了赞美的话语。

艾琳娜是一位律师，有一天和丈夫去异地拜访几个亲友。丈夫留她陪一位老姑妈聊天，自己到别处去见几个年轻亲戚。由于艾琳娜对这位几乎从未见过面的老姑妈不了解，所以就想找一些能够拉近他们之间距离的话题。她看到了老姑妈的这栋房子。

"这栋房子有100年的历史了吧？"艾琳娜问道。

"是的。"老姑妈问答，"正好100年了。"

艾琳娜说道："这使我想起我们以前的老房子，我是在那里出生的。这房子很漂亮，盖得很好，有很多房间。现在已经很少有这种房子了。"

"我非常同意你的观点。"老姑妈说。

"现在的人已经不在乎房子漂亮不漂亮了。他们只要有个地方住就够了，然后开着车子到处跑。"艾琳娜说道。

"这是一栋像梦一般的房子。"老姑妈的声音有点颤抖了，"这是一栋用爱建成的房子。我的丈夫和我梦想了好几年，它完全是我们自己设计的。"

老姑妈带着艾琳娜到处参观，艾琳娜也热情地发出赞美。看完房子以后，老姑妈带着艾琳娜到车库去，那里停着一辆派克车，几乎没有使用过。

"这是我丈夫在去世前不久买给我的。"老姑妈轻声说道，"自从他死后，我就没有动过它。你是一个真正懂得欣赏好东西的人，我就把它送给你吧！"

"啊，姑妈！"艾琳娜叫道，"我知道你很慷慨，但是，我不能接受。我已经有了一部新车，而且我们之间并不算很亲密，我实在是不能要。我相信你有许多亲戚很喜欢这部车。"

"亲戚！"老姑妈叫起来，"不错，我是有很多亲戚。但是，他们只是在等我死掉好得到这部车子。他们得不到的！"

"如果你不想送给他们，也可以卖掉啊！"艾琳娜建议道。

"什么！"老姑妈大叫，"你以为我可以忍受让陌生人开着它到处跑吗？这是我丈夫买给我的车子！我做梦都不会把它给卖掉的！我想把它送给你，是因为你懂得鉴赏好东西。"

艾琳娜极力想辞谢这份好意，却又怕伤了老姑妈的心。最后艾琳娜因为赞美拥有了这辆很多人梦寐以求的车。

威廉·詹姆士说："人类本质里最殷切的需求是：渴望被肯定。"林肯说："人人都喜欢受人称赞。"在现实生活中，人们大都希望别人欣赏、赞美自己，希望自身的价值得到社会的肯定。

赞美是一种气度，一种胸怀，一份理解，一份关怀，更是一种智慧和境界。赞美会让我们平凡的生活变得更有滋味。所以，从狭小的个人世界中走出来吧，学会发现别人的优点和些微进步，并试着赞美别人，这样你就能赢得人心，自己的世界也会变得精彩。

从今以后，积极地赞美别人吧！只要你懂得并善于运用赞美的艺术，你一定可以成为一个受欢迎的人。

❊ ❊ ❊ ❊

真诚的话语最能打动人心

人与人交谈，贵在真诚。有诗云："功成理定何神速？速在推心置人腹。"只要你与人交流时能捧出一颗恳切至诚的心，一颗火热滚烫的心，怎会不让人感动？怎会不动人心弦？白居易曾说过："动人心者，莫先乎于情。"炽热真诚的情感能使"快者掀髯，愤者扼腕，悲者掩泣，羡者色飞"。

从米歇尔的谈吐之间可以看出她是一个个性健康明亮的女人，不论在任何场合她都是真挚而诚恳，从不娇情、造作。

总统竞选期间，米歇尔形容丈夫在华盛顿的住所是一间容易着火、"可以吃比萨"的小公寓，每次她去看奥巴马，都得一起去住宾馆。记者问她："那以后白宫呢？"她坦然而眉飞色舞地感叹："白宫真的是太美了，是那种让人产生敬畏的激情的美。在那里走一圈之后，我感觉能住在那里真是一种上天的赐予、一种荣耀。"与太太情趣相投的奥巴马给人的感觉是真实而亲近。这与他太太的感性影响与渲染有关，她是第一个爆料自己丈夫不会整理床铺的第一夫人，这些小细节为奥巴马平添几分人情味。

米歇尔基本不谈政策纲领，而是"打人性牌"，大谈奥巴马睡觉鼾声大、早上起床时口臭令女儿不敢接近等趣事。即使夫妻一起上电视做节目，他们也是谈笑风生，彼此打趣，自然而然地显露出淳朴、单纯的一面，率真的一面。

曾有记者问奥巴马：获胜后，太太说了什么？奥巴马幽默地说："她说'那你明天早上还送女儿上学去不啊？'"米歇尔听后大笑："我没说，我可没这么说啊！"夫妇俩眼神里交流的是真挚的感情，默契而生动。这样简单真挚的语言，其实是最能打动人心的。

一个人讲话如果只追求外表漂亮，缺乏真挚的感情，开出的也只能是无果之花，只能欺骗别人的耳朵，却不能欺骗别人的心。

一颗真诚的心最能打动人，最能让一个女人散发出恒久的魅力。在生活中，真诚也是评判一个人是否值得交往的一个重要条件。我们都希望与可信的人交往，而真诚的人往往是值得相信的。所以，当你渴望得到他人认可的时候，不妨先表露出你的真诚。

许暖暖是一个性格十分内向的人。大学毕业后，她开始找工作，但是都在面试环节就被刷了下来，原因就是她不善言谈。

无奈之下，许暖暖只好向自己的长辈讨教：如何才能走出眼前的困境？长辈教导她："其实木讷的人，最好的武器就是真诚。"

许暖暖觉得长辈说得很有道理，正巧当时她要参加一个保险公司的面试，当时她心想：一定要表现得真诚一些。

在面试过程中，主考官问许暖暖毕业后的从业经历时，她很诚实地说了自己近三年来做过的工作，推销过化妆品，卖过卫生纸，甚至还炸过臭豆腐，其他面试者听了都在偷笑，但最后只有她一人通过了面试。后来，许暖暖和人力资源的经理聊为什么自己能通过面试，经理说就是因为她最真诚。

真诚和朴实，是一种打动人心的力量。每个女人都要经历从年轻美丽到风韵楚楚，再到红颜暗淡、憔悴无华的过程。这个过程中，有对留不住青春脚步的无奈与黯然神伤，有对不经世事而遭受挫败的心酸与苦楚，还有对一切美好的渴望与期待……这些美好的向往、灰色的感受，可能很多女人或多或少经历过，然而有多少女人出于虚荣心，出于要"面子"，而总是在人前缄默矜持、强作欢颜，不敢坦然真诚地倾吐出心中的话，不敢直面眼前的现实？

一个巧舌如簧、妙语连珠的女人，如果缺乏真诚的话，她永远不会得到别人的认可。真诚能给人足够的安全感，让人感觉亲近，这是一种可贵的品质。那么，如何才能成为一个真诚的人呢？

第一，说话不要"拐弯抹角"。在和朋友谈话的时候，如果你和对方的意见相左，不要隐瞒和矫饰，或是顾左右而言他，更不要"拐弯抹角"地指责或批评对方。这样不仅不利于和对方顺畅地沟通，还会给对方你不诚实和生分的感觉。即使是在指出朋友缺点或者是批评朋友过失的时候，也应该简洁明了地指出来。要知道，如果你们是真正的朋友，这样做不仅不会伤害双方的感情，反而有助于增进友谊和加深关系。

第二，赞美但不要奉承。当朋友获得事业上的成功，或者是有什么喜事的时候，不要吝啬你的赞美之词，选一个适当的场合和时间，送上你最真心诚意的祝福和赞美。相信你的朋友也很愿意与你一同分享他的成功。不过，在赞美的时候要注意尺度，若总是说一些华而不实的恭维话，反而会显得有些虚伪。

第三，安慰并给予实际的帮助。当别人遇到难处的时候，给予亲切的安慰和实际的帮助最能体现一个人的真诚。俗话说："患难见真情。"当朋友心情不好或者遇到麻烦的时候，你站出来给对方最大的帮助，足以显示出你对于友情的珍惜和重视。

第四，站在别人的角度上思考。不要只想着从他人的身上获得关怀，你还应该多给别人一些关怀。在说一句话、下一个决定、做一件事情之前，你不妨站在别人的角度上思考一下，想想别人的感受，衡量一下别人的得失。只有这样，你才不会对别人造成伤害，别人也会因此对你心怀感激，把你当作朋友。有一位著名心理学家叫作爱佛瑞·艾德纳，她曾经说过一句名言："只有不懂得关怀别人的人，其生活才会面临真正的痛苦，甚至伤及他人。"

女人一定要记住，真诚无论在什么时候都比言语来得更真实。学着做一个真诚的女人，你才会真正打动人心。

❉ ❉ ❉ ❉

喋喋不休，不如细细聆听

很多女人有一个毛病——喋喋不休，热衷于"说"。但是，真正聪明的女人，从不用这样的方式与人沟通，她们更擅长用"听"来交心。要知道，上天只给了人一张嘴，却给了人两只耳朵，就是要人们听的比说的多一些。如果一个女人在别人讲话的时候，能够静静地倾听，礼貌地回应，那么尽管她言语不多，但她依然会被视为最佳的沟通对象，被誉为善解人意的女人。

当然，我们所说的善于倾听，并不是指在谈话中一言不发，像"木头人"一样无所表达。真正善于倾听的女人，懂得如何配合说话者的节奏，给对方以一定的响应，就像查尔斯·洛桑说的那样："要令人觉得有趣，就要对别人感兴趣——问别人喜欢回答的问题，鼓励他谈谈自己和他的成就。"

比尔·盖茨的妻子叫梅琳达·弗兰奇。作为世界首富的妻子，梅琳达相貌平平，放到人群中非常不显眼，可她却是一个充满智慧的女性。

一个成功的男人，在风光的背后必定有很多不足为外人道的苦恼，需要向最亲密的人倾述，梅琳达恰恰给了丈夫这样一个"机会"。对于比尔·盖茨来讲，梅琳达就是他紧张与困乏时的"安定剂"与"加油站"。

一天，比尔·盖茨回到家中，对梅琳达说："你知道吗，今天是一个非同一般的日子，公司的一些员工竟嚷着要我将那份区域报告公布于众，而且……"

"真的吗？"梅琳达这时装作毫不吃惊的样子，淡淡地说，"哦，那还不错，吃点东西吧。亲爱的，我早就说过，员工是很难对付的。"

比尔·盖茨还在继续说："当然了，亲爱的，就像我所说的那样，就连鲍尔默在内，都好像在随时准备踢我的屁股。一开始我还不知道他们为什么要这么做，但我最后发现，原来他们是想让我加薪。"

梅琳达听到这儿，对比尔·盖茨说："我认为他们还不是特别了解你、重视你，但是这种事情每个公司几乎都会遇到，你也不必太在意。比尔，我想你应该关注一下你女儿的学习成绩了，这学期她又开始下滑了。"

这时，比尔·盖茨发现，经过和妻子的一番谈话，自己不再感到担心了。于是他吃了一点东西后，开始平心静气地与女儿交谈起学习成绩来。

毫无疑问，梅琳达是一个善于倾听的女人。她不仅仅善于听，还能在恰当的时候提出自己的见解和意见，如此之举无疑给了说话者莫大的鼓励。

与说话相比，倾听同样需要技巧。在倾听别人说话的时候，千万记住，你不仅要听对方的话，更要在听的同时站在对方的角度想一下：如何才能解决他所说的问题。这在心理学上叫"同理心式倾听"，具体来说就是设身处地，尝试以他人的眼光来探究世界的倾听方式。这是一种能让你深入说话者内心的倾听方式，也是一种高情商的表现。

琼斯是精装图书行销商，每个礼拜，她都要去拜访几位著名的美术家。这些人从来不拒绝她的拜访，但也从来不买她的书籍。他们总是很仔细地翻阅琼斯带去的图书，然后告诉她："很遗憾，我不能买这些图书。"

琼斯感到有些奇怪，就去和一位学习心理学与人际关系学的朋友聊天。这位朋友仔细问了她推销的经过后，对她说："你把他们给镇住了，所以他们不敢买。"

琼斯应该是个敬业的姑娘，她原来就有较为不错的美术功底，但她说话缺少技巧。每次推销时，她都是很热情地告诉对方："这部画册你一定没有见过，它是现代最……的图书。"朋友告诉琼斯："你不妨把书送上门，让他们自己去品评。"

琼斯自己也省悟到过去的方法有些不妥。于是她又带着几本画册，经过朋友介绍，去了一位新客户家中。到了那里后，她并不忙着推销书籍，而是左顾右盼，用心欣赏这位美术家的作品。对一些不太懂的地方，她总是及时提出来向这位美术家请教。

这位美术家来了兴致，不知不觉中，两人已经聊了两个小时。最后，琼斯请教这位美术家道："以您这么深厚的美术功底，您能否帮我看一下这几本书，看看到底哪一本更实用、更权威。"

因为时间不多了，两人约定第二天再见面。第二天，琼斯再去取书时，这位美术家已经认认真真地写出一份评价意见，字数不多，但是很中肯。琼斯谢过这位美术家，这位美术家主动告诉琼斯："我自己想订购几本这种画册。另外，我和几个朋友都联系了一下，他们也愿意看一看。"

琼斯听后表示感谢，在这位美术家的引见下，一下子又推销出了好几套大型画册。

如果你想成为一名受人欢迎的谈话者，就先做一个注意倾听的人吧。

❋ ❋ ❋ ❋

与人谈话须引起对方感情上的共鸣

有时候，当说服一个人的时候，对方最担心的是可能要受到的伤害，因此，在思想上先砌上了一道"墙"，在这种情况下，不管你怎么讲道理，他都听不进去。解决这种心态的最有效的办法是，把话说到对方的心里，使对方产生共鸣，这就需要了解对方最关心的问题，从对方的立场出发，打好"感情牌"。

英国有一个童星埃利，她在12岁时，不幸由于骨癌准备截肢。手术前，埃利的亲朋好友，包括喜欢她的观众闻讯赶来探望。这个说："别难过，没准儿会出现奇迹，你还有机会慢慢站起来呢。"那个说："你是个坚强的孩子，一定要挺住，我们都在为你祈祷！"埃利一言不发，默默地向所有人微笑致谢。她很想见到戴安娜王妃，经人转达，戴安娜王妃终于在百忙中赶来看她。她把埃利搂进怀里说："好孩子，我知道你一定很伤心，痛痛快快地哭吧，哭够了再说。"埃利一下子泪如泉涌。自从得了病，什么安慰的话都有人说了，但埃利觉得最能体贴理解她的就是这句话！

别人对埃利所说的话，只是单纯的鼓励或祝福，根本没以埃利的情绪为切入点来说。而戴安娜王妃却深切体会到埃利心里的哀痛，动情的话语，无疑引起了埃利的共鸣，让其将悲伤的情绪尽情宣泄。如此情深意切的话语，怎能不让小埃利感动？

的确，"感人心者，莫先乎情"。那些充满着真情的话语，总是能打动别人的心扉，收到意想不到的效果。

谈话也是一门艺术，让人人都满意并不是一件简单的事，最重要的一点，是切实了解不同阶层、不同年龄段的人的价值取向和心思喜恶，"到什么山唱什么歌"。

程辉原是河南人，解放战争时期，由于兵荒马乱，他跟着父母逃荒到东北，后来在吉林定居下来。

改革开放以后，程辉创办了一个工厂，经过几年的奋斗与拼搏，成为全国同行业的佼佼者，个人资产过亿元。程辉现在年龄大了，有一种叶落归根的想法，但苦于工作太忙，无法回去。

这时，程辉的家乡为了创办当地特产加工厂，需要一笔不小的资金，当地政府多方筹措，才筹到了总数的三分之一，于是就派冯燕去找程辉，希望能得到援助。

冯燕是政府对外联络办的工作人员，为人聪明，善于交际。她看了程辉的详细资料后，判断程辉也很有回家乡投资的意向。因此，在没有任何人员的陪同，也没有准备任何礼品的情况下，她独自一人前往吉林，并且打包票定会筹到款项。

程辉听到家乡来人时，在欣喜之余也感到有些惊讶，久不闻家乡的信息，突然有人来了，该不会是招摇撞骗之人吧？但出于礼节，他还是同冯燕见了面。冯燕一见程辉这种神情，就知道他还未完全相信自己。于是，她挑起了家乡的话题，她那生动的语言，特别是那浓浓的故土之情溢于言表，令程辉深受感动，也将他带回童年时期，令他想起了那时的家乡、那时的邻里亲戚……蕴藏在心中几十年的那份感情全部流露了出来，欲罢不能。

就这样，说了三个多小时的话，冯燕对筹款一事，只字未提，只是与程辉回忆了家乡的变迁。最后，程辉不但主动提出要为家乡捐款一事，还答应了与家乡合资办厂的要求。

冯燕很聪明，她抓住了程辉心中那份埋藏了几十年的思乡之情，与程辉聊了一个彼此都非常感兴趣而又轻松的话题，引起了共鸣，不但使她此行的目的圆满完成，还了却了程辉的心愿。

可见，与人交谈时，抓住一个"情"字，引发对方的共鸣，你就会取得想要的效果。

❄ ❄ ❄ ❄

别做"刺"美人，让沟通变得愉悦

人与人交往，每个人都有说话的权利，每个人也都有发表意见的权利。对于有些人来说，当别人的观点与他的观点不同时，他总试图证明自己的观点是正确的，想尽办法让别人认同自己的观点，这时，就会不可避免地发生争论。这些无谓的争论，不仅伤害彼此之间的感情，也会破坏自己的形象。

爱争论的人一般不给别人发言的机会，并经常对别人说的话发表不同意见，心理学家说这是一种自恋和逆反心理的表现。有自恋心理的人特别在乎自己的感觉，不会换位思考，更不会替他人着想，自己往往喜欢做出一种"救世主"的姿态，觉得什么事都应该自己说了算，别人都应该听自己的，好为人师。

爱争论的人往往有比较好的口才，思维也比较活跃，他们与人交谈往往就像一场精彩的辩论。正如事办得好能得到人的认同，而话说得多却不见得就有人愿意听一样。一个"会说话"的女人会讨人喜欢，但是一个爱争论的女人，却不见得会受欢迎。

在当今时代，很少有轰轰烈烈的事业，也很少有惊天动地的爱情，占据我们生命的只有平淡无奇的琐碎。也许很多时候，并不是你要跟人"抬杠"，而是总有喜欢"抬杠"的人为了排遣自己的积郁和释放自己的牢骚而跟你较劲，硬要把你的正确言论指责为错误，遇到这样的情况，最好的办法就是点一下头即可。因为一个爱争论的人，你不去驳斥他的观点，就是给他"颜面"；如果你也跟他"抬杠"，那只能说明你跟爱争论的人一样无聊。

人与人之间总是存在着各种差异，出现矛盾也是在所难免的。喜欢凡事都与别人争个对错，不分上下誓不罢休的人，最终不但会落得个没"人缘"，事情也会办砸了。聪明的人懂得求同存异，在小矛盾中忍让一步，不与人发生口角，这样更容易获得朋友，生活也会快乐许多。

西方有一位哲人说过："一个人所有器官中最难管教的就是自己的一张在不停地说话的嘴。"逞一时口舌之快，也许能为你带来短暂的快意，但也可能会给你的生活埋下长久的隐患。

张丽娟和明涛结婚两年了。朋友们都说："丽娟是做公关的，说话也柔声柔语的。可明涛是做销售的，工作中强势惯了，在家里说话做事肯定也是说一不二的样子。这样的话，两人若有争执，那岂不是丽娟吃亏？"不过，事实并非如此。关于家里谁做主这一问题，明涛直接指着张丽娟说："别看我比较厉害，我家主事的都是她。"

为什么呢？原来，张丽娟熟谙夫妻之道——不与丈夫争辩。

张丽娟说："刚结婚的时候也吵，后来发现一点用也没有。吵完了闹完了，问题还是没解决，俩人还都窝了一肚子气。而且都是些无关对错的小事，比如东西用完要放回原位，做事情丢三落四，家具是定做还是买现成的，其实这些事怎么做都成，可一旦吵起来，就特容易上纲上线。"

后来，张丽娟看到很多朋友就是因为琐事吵架而离婚了，于是，她总结经验，以后事情该怎么办她还怎么办，但绝不再和老公正面"交锋"。

没想到，一时的权宜之计竟然有奇效。张丽娟感慨道："我这才发现，男人其实是很孩子气的，他有时候发脾气，并非是这件事的做法真的很过分，而是因为你违背了他的意愿，让他觉得自己没面子。因此，我从来不跟他争，男人嘛，就要个面子，那你给他这个面子不就完了？"

张丽娟放弃逞口舌之快，得到了切实的实惠。她现在已经完全掌握了夫妻相处之道，生气的时候怎么说，想要丈夫做事的时候又怎么说，自己做错事了又该如何哄丈夫开心，她都很有自己的一套。

一个不去争辩的女人虽然没有通过争辩显示自己的聪明才智，但是她恰如其分的示弱和守拙更显出她的智慧，而且她所显示出来的知性优雅的教养和风度也会令其更受欢迎。所以，在发生矛盾和冲突时，如果是琐碎小事，那么你何不放弃"较真"和论理，一笑而过呢？

很多时候，人们由于意见的不同，不可避免地会发生争论。你永远要记住，争执永远无法替你赢得自尊，反而会使你自毁形象。所以，无论遇到多么不公正的待遇，也要冷静处之。那些正在"气头"上的人，是听不进任何意见的，所以，不要急于去反驳。众人争辩不休的，只不过是他们自以为是的"道理"，真理不见得就握在他们的手中。要沉下心、稳住神，那些不审时度势，一味"抬杠"的人，其实是最可笑的。这种情势下，最聪明的做法，就是沉默不语。缄默并不等于妥协，你需要的是避开凌厉的话锋，看准时机，然后阐述自己的意见。

要记住，事情并不是一定要完全对立的。争论的双方，不是敌我的关系，而你们所争论的问题，也不是非此即彼的，那么还有什么必要非要水火不容，争个你死我活呢？

浑身是"刺"的女人是最令人头痛的，即使美得像玫瑰，也还是让人难以接近。拥有平和心态的女人，才更具亲和力。不争执、不"抬杠"，一笑了之，这些聪明的举动，会让你变得越来越讨人喜爱！

❋ ❋ ❋ ❋

在"失意"的人面前，不说"得意"的话

聪明的女人都知道，在"失意"人面前，不能说"得意"的话。"失意"的人本身心情不好，情绪也不稳定，他希望得到一句安慰或者一个小小的鼓励，而绝对不是你迫不及待想要炫耀的"得意"之事，你的这些"得意"事此时在他们听来会

十分"刺耳"。所以，聪明的女人一定要懂得收敛自己"得意"时的行为。

一个人不可能一辈子春风得意，也不可能永远"倒霉"。对于"失意"者，何不放下你的"得意"去安慰一下对方呢？给他们提供你力所能及的帮助，适当地给对方鼓励和安慰，会让你的朋友更多，"人缘"更好。

有一位女施主，家境非常富裕，不论财富、地位、能力、权力还是漂亮的外表，都没有人能够比得上，但她却郁郁寡欢，连个谈心的人也没有。于是她去请教一位禅师，自己如何才能具有魅力，赢得别人的喜欢。

禅师告诉她："你能随时随地和各种人合作，并具有慈悲的胸怀，讲些禅话，听些禅音，做些禅事，用些禅心，那你就能成为有魅力的人。"

女施主听后，问道："禅话怎么讲呢？"

禅师道："禅话，就是说欢喜的话，说真实的话，说谦虚的话，说利人的话。"

女施主又问道："禅音怎么听呢？"

禅师道："禅音就是化一切音声为微妙的音声，把辱骂的音声转为慈悲的音声，把毁谤的声音转为帮助的音声，哭声闹声、粗声丑声，你都能不介意，那就是禅音了。"

女施主再问道："禅事怎么做呢？"

禅师道："禅事就是布施的事，慈善的事，服务的事，合乎佛法的事。"

女施主更进一步问道："禅心是什么心呢？"

禅师道："禅心就是你我一如的心，圣凡一致的心，包容一切的心，普利一切的心。"

女施主听后，一改从前的骄傲，在人前不再夸耀自己的财富，不再自恃自己的美丽，对人谦恭有礼，对眷属尤能体恤关怀，不久就被夸为"最具魅力的人"。

与人交往时，最重要的是对人要尊敬，要诚恳，要设身处地为别人着想，谈话时要掌握分寸，避免任何可能伤害别人的成分。

言丹约了秦方、张珊等几个朋友来家里吃饭。言丹把她们聚集在一起主要是想借着热闹的气氛，让刚刚因老公外遇而离婚、独自一人照顾孩子的陈雪心情好一点。

来聚餐的朋友都知道陈雪的遭遇，因此大家都避免去谈跟事业和婚姻有关的事。可是，张珊因为刚刚结了婚，又有了自己的事业，忍不住就开始谈她婚姻如何幸福，老公如何好，自己的生意如何挣钱。那种得意的神情，言丹看了都有些不舒服。

正失意的陈雪更是一直低头不语，脸色非常难看。之后，陈雪一会儿去上洗手间，一会儿去厨房找杯子，最后找了个借口提前离开了。言丹送陈雪到巷口的时候，陈雪很生气地说："张珊再春风得意也不必在我面前说嘛！"

言丹此时非常了解陈雪的心情。因为在以前她失意的时候，一位正风光的朋友也曾在她面前炫耀自己的薪水、高档的房子、名贵的汽车。那种感受，就如同把针一根根插在她心上那般，让自己说有多难过就有多难过！

后来，陈雪对张珊的印象一直不好。再有活动，言丹也不叫上张珊了。

在与人交往的时候，我们要注意这项禁忌，尽量不主动地、滔滔不绝地谈论自己"得意"的事情。如果对方问起，也要尽量谦虚回答，不可给别人留下虚荣、爱炫耀的印象。如果对方正"失意"，那我们更要注意。

琳琳的心情很不好，因为公司裁员，她成为一个"无业游民"。好友、同学兼同事的明明工作倒是很稳定，并且节节攀升，最近又被提拔了。同学聚会，琳琳很不想去，但是被明明拉去了。聚会大家闲聊时，明明向大家宣布自己得到了提拔，并主动承担所有的聚会费用，整个聚会成了明明的庆功宴。在大家的鼓掌中，琳琳悄悄退了出去，她感觉自己受到了很大的羞辱。从此，琳琳再也没有和明明交往过。

同学聚会本来是件好事情，明明的升职也是很好的事情，但是，明明却因此失去了一个很好的朋友。可见，千万别因为自己的"过度"兴奋而弄得最终失去朋友。

虽然极少人愿意听你谈论你的得意之事，但相反的是，作为说话者，却希望有人能听他们谈论自己得意的事情。也就是说，任何人都有自觉得意的事情，但是，再得意、再值得骄傲和自豪的事情，如果没有他人的询问，他自己也最好不要主动提及。这时，你如果能适时而恰到好处地将这件事提出来作为话题，那么对方一定会欣喜万分，并敞开心扉，畅所欲言。适当地给对方这样的机会，你们的关系一定会更加融洽。

广告公司的部门经理王月了解到谈判对手许主任特别坚持原则，一旦他觉得条件和价格合适，就坚决不再退让。为了能谈判成功，王月仔细地了解了许经理，结果发现许经理以教子有方著称，许经理的儿子最近还考上了北大。王月决定好好利用这一点来促成合作。

谈判休息期间，王月对许经理说："我听说您儿子今年考上北京大学了，您真是教子有方啊。"许经理一听立马放下手中的文件，和王月聊起来。他得意地说："可不是，北京大学那可是百年名校，中国最为高等的学府啊！我儿子勤奋聪明吧？记得当年我们高中，全年级几百人，考上清华北大的才一两个。"王月笑道："那可不是。您儿子可以说是您细心培养出来的。"

在休息的10分钟里，许经理和王月谈他考上北大的儿子，谈他教育儿子的方法。最后，王月赞扬地说："许经理，您真了不起。"许经理听了，心里特别高兴。接下来的谈判变得超乎寻常地顺利。王月最终以自己满意的条件和许经理达成了协议。

可见，无论是与朋友还是客户交谈，聪明的女人应该少谈自己"得意"的事情，多谈一谈对方的"得意"之事。这样的话，你的谦虚和耐心倾听很容易赢得对方的赞同，并对你心生好感。

第七章

柔情蜜意，婉约的女人会恋爱

※ ※ ※ ※

在最美的时光里遇见爱

曾经，人们都以为爱是最珍贵的拥有，爱是至高无上的礼遇。随着时光的流逝，经过现实的考验，很多人已经开始改变这种观念，渐渐地接受了另一个观念，那就是：会爱，比爱本身更重要。

窦漪房，从出身贫寒的赵国少女到吕雉的侍女，到代王妃，到皇后、太后，直至太皇太后，似乎所有的"好运气"都被她撞上了。最幸运的是，她竟然得到了中国历史最不好女色的皇帝——汉文帝的爱，最终获得了宫廷里最难得的爱情。

窦漪房有一个悲惨的童年。她的父亲为了逃避秦乱，隐居于观津钓鱼，却不幸坠河而死，遗下她和哥哥、弟弟三个孤儿。

汉初，朝廷到清河招募宫女，窦氏年幼应召入宫。

当时，吕雉作为皇太后操纵国政。吕后为安抚各诸侯王，决定挑选一些宫女赏赐给诸侯王，窦氏也在选中之列。窦氏因家在清河，离赵国近，希望能到赵国去，这样可以照顾到自己的家人。

于是，窦漪房向主持派遣宫女的宦官请求，一定要把她分到赵国去。后来，这个宦官却把她的名字误放到去代国的花名册里了。于是她去了代国。虽然这不是她的心愿。

代王就是后来的汉文帝刘恒。

最初的那一眼，最缠绵。

他看到的她是一个面容姣好的女子，带着如水般清澈的笑颜！她看到的他是个风华初显的男子，从他干净的瞳孔里看到笑靥如花的自己！

纵然身旁红粉万千，他的眼中却只有她一人，情有独钟，难能可贵的独钟！那些女子，在他的心里荡不起一点涟漪！

她支持他的雄心霸业，尽管她的身份有难言的悲凉；他相信她，许下此生永不相问的誓言！他们携手并进，他们举案齐眉。在代国的日子是美好的，虽然她常常陷入尴尬的境地，虽然他也曾有过怀疑，只是，在那美好的感情面前，一丝丝的疑虑只能是浮云般地掠过。

后来，他成了九五之尊，受万世景仰！山呼万岁，顷刻间的变化悉数袭来。

刘恒成为大汉天子后，立窦漪房为皇后，但按照皇室的传统，皇帝都会有三宫六院、嫔妃成群，可为了窦漪房，为了心中挚爱的这个女人不成为众矢之的，为了证明自己对窦漪房的爱，他废六宫，将所有的嫔妃全部遣散出宫，只留窦漪房一人相伴一生。

自古帝王多寂寞，可她却把一个帝王的心装得满满的，他们注定要携手开创那份伟大的基业！

帝王之心是坚强的，也是脆弱的，他们还是出现了隔阂。他们哪怕在相互伤害的那段日子，也没有一刻停止对彼此的思念，直到心底布满厚厚的尘埃！终于，他们明白，人生苦短，原本相爱的两个人为何不怜惜时日，相守走完人生？

她看到他蹙眉，伸出颤抖的手，轻轻地拂过他的眉。指尖轻触间的温暖，却在他心里掀起了轩然大波，他再不迟疑，紧紧地将她拥入怀中。三年的误会全部释然。

那一刻，所有的是非、所有的纷扰荡然无存，心中的沟壑，只为这一句话、一个动作，平坦了。

渐渐地，他们老去，褪尽了姣好容颜，鬓角的白发却记录着他们这些年的过往。她的视线渐渐模糊，他搀扶着她，就像是一对寻常人家的夫妻，那般云淡风轻。

他曾经对正在下棋的儿子说："朕一生有过很多女人，但此生最爱的就只有你的母亲——窦漪房。"一句曾经看似简单的承诺，刘恒却用毕生的行动履行了自己当初在代国冰室中对窦漪房许下的那句诺言。

他已到垂暮之年，在得了重病即将离世的弥留之际，他忍着咳血倒地的危险也要亲自为眼睛不好、行动不便的窦漪房雕刻一根梨木的拐杖，希望她在自己走后的岁月里，能有一个可以代替自己扶持窦漪房继续走下去的物件。

爱与被爱是相互的，刘恒之所以爱妻之深，是因为窦漪房同样一生深爱着刘恒。在他的病榻前，她将脸轻轻地贴在他胸口，说："我不会把你让给任何人，包括上天，你再陪我走一段好吗？哪怕只有一小段，我不想我偶一回身的时候，缺少了你的双手来搀扶，这么大的椒房殿，我什么都没有，我只有你。"

"好，那朕再睡一会儿。"

他走了，离开了。

窦漪房的一生都不曾为自己考虑过，她总是在为大汉、为刘氏的基业、为刘家的子孙们着想。当刘恒逝去、新帝刘启登基之后，刘盈曾劝说窦漪房，既然刘恒已去，那汉宫也没有什么可留恋的了，不如跟他一起去梁国，远离宫廷事务。

她告诉刘盈："虽然他不在了，但汉宫还留有他的气息，在这里我仍然能感受到他的存在，所以我不会离开……"可见她对丈夫刘恒的眷恋与思念之情。

亦舒说，命运旅途中，每个人演出的时间是规定的，冥冥中注定，该离场的时候，多不舍得，也得离开。刘恒纵然万般不舍，却抵不过命运的安排，幸运的是他们在彼此最美好的年华遇见了对方，并且边走边爱。

生活中，婉约的女人懂得珍惜身边那个守护自己的人，因为对方见过自己最深情的面孔和最柔软的笑意，像灯火一样给予自己生活的力量和方向，她们感谢生活，感谢命运，让彼此在最美的时光里遇见了彼此，从此边走边爱。

❋ ❋ ❋ ❋

有些人，终究是"过客"

草长莺飞、百花争艳的季节，从不属于梅花，在优雅地"放手"之后，它赢得了傲雪凌霜的美名；争名逐利的官场，从不属于隐者，在从容地"放手"之后，他们换回了宁静淡泊的生活。人生的路很长，沿途要经历许多风景，其中不乏让你怦然心动、流连忘返的景致。然而，不是所有你喜欢的风景都能属于你，就像林夕写的那样，"谁能凭爱意将富士山私有"。对你而言，有些风景只能是路过，只能去欣赏，然后继续走自己的路。不要固执地不肯放手，也不必生气别人得到了它，真正属于你的，也许就在前面的路上。

"有些人，彼此之间也许只是一个拥抱的距离，我却愿意用一生的回忆来呵护守望，不再向前踏出半步。"这是她走时，他对她说的。

她原本是他的下属，她要做的只是努力工作，去拿到属于自己的那份报酬。

初入行，她丝毫不懂那行的规矩，一个报表，难得她满面涨红。做好了，交上去。他很快就给她返回来，上面用红色的笔勾勾画画，改得面目全非，却没有半句不满与批评，递给她，只温和地笑笑："刚起步，都一样的。别着急，慢慢来。我相信你。"

她红了脸，接过去。有泪在眼眶里转，心里却是说不出的情绪，似苦似甜。

私下里她开始暗暗用功，找来相关的专业书猛"啃"，一次又一次地找有经验的前辈请教。她的进步之快，让人吃惊。半年之后，她的业务已经很棒，在自己的岗位上游刃有余。

他表扬她悟性好，她的头深深地低下去。

她的目光开始有意无意地跟着他转，在他经过的地方，在他停留过的地方。一摞他看过的文件，一只他用过的没洗的水杯，甚至他坐了一天留有他体温的沙发椅，都让她莫名地激动。

她的梦里开始若隐若现出现他的影子：春日晴好的天空下，绿草如茵的青草地上，他拥着她，跳着优雅的探戈舞，是她最熟悉的《化蝶》……

好梦易醒，醒来竟是两行冰凉的泪。

可她不敢说，她知道，横在他们中间的不止一条浅浅的"天河"。

那一次会议，原本是安排另一位员工去的。事到临头，那位员工却病倒了。他走来问她："愿意跟我出去走一趟吗？刚好锻炼一下。"

"愿意。"话出口，她就被自己吓着了，答应得太干脆了。

会议就在那座美丽的海滨城市进行，整整七天。她的任务并不重，只是跟着他做做会议记录，偶尔在酒场上随他一起应酬。

第一次看到工作之外的他，身着休闲便装，在酒桌上与客人把酒言欢；第一次听他亮开歌喉，在湖中小船上引吭高歌。一个成功、自信、儒雅的男人，一枚刚刚好的成熟的果，蜕去所有的青涩，所有的只是滋味绵长的香甜与诱惑。可那已经是别人枝头的"果子"……

"嗯，明天上午的飞机，估计中午就到家了，你做好饭，我中午来家吃……"

真快啊，七天时间一眨眼就过。明天，就要回家。他当着她的面，给家中的女人打电话。声音很响，他的表情兴奋得有些夸张。她别过脸，心头是一股无言的酸涩。七天了，她多想他走过来，给她一点点哪怕最轻微的表示，让她知道，她所有的心事，他都明白。

可没有。那会儿的他，好像"木头""傻子"。或者，是他根本就不曾在意。

她讨厌酒，闻到酒味就头晕欲吐，可最后一晚的告别宴会上，她却破天荒地向服务员要来酒杯，让她们帮她倒上满满一大杯。他坐在她的旁边，正跟身边的客人们推杯换盏。酒酣耳热，他的思维已经有些微的混乱。

"你胃不好，不能喝。来，给我。"他的声音很低，低得只有他们两个人听到。很低的那一句，却似一声惊雷，是春天的第一声惊雷。不容拒绝，那满满的一杯酒已经倒进了他的杯子。他继续喝，好像什么也没有发生。

她呆呆地坐着，眼眶发酸，很想哭，却只能拼命地抑制着。

酒后，很多人拥到歌厅去唱歌，继续最后的狂欢。

"出去走走吧，喝得有点高了。"他的步态已经有些蹒跚。她走近他，听得见他粗重的呼吸，伸手去挽他的胳膊，他的大手，轻轻从她裸露的胳膊上滑过，又迅急地移开了："没事儿，这点酒，撂不倒我……"

出了酒店，顺台阶而下，走不远，就到湖边。湖边是干净的白沙滩。他们在那片白色的沙滩上坐下来，不远不近，半米的距离，能听到彼此的呼吸。深夜的湖边倒也安静，月光很好，湖上的荷已经睡去，却仍把淡淡的荷香毫不吝啬地送过来……

他们就那样静静地坐着，他不说话，她亦不说。

后来，她开始唱歌，唱邓丽君的《月亮代表我的心》，唱着唱着，天上的月亮就模糊成一片……

"你这个傻丫头……"他站起来，她也站起来，她看到他眼角那两枚晶莹的小月亮。

"晚了，该回去了。来，抱抱吧。"他张开双臂，轻轻地拉她入怀，一个浅浅的拥抱，又轻轻放开。那一切来得很快，又似轻风一样自然。她想了千万次的心潮澎湃的感觉，还没来得及感受，所有美好的记忆就已在此定格。

后来，他们回房间，各自睡去。

再后来，她从他的公司辞职，去了另外一个城市，嫁人，生子。

一个浅浅的拥抱，是生命里一杯淡淡的香茗，回味最初是舌尖上轻微的苦涩，之后是悠长的芳香与温暖。

爱情是世界上最美好的情感，爱本身并没什么不对，我们都有爱人的权利，但前提是在对的时间遇到一个对的人。只有属于自己的、适合自己的爱情，才会真正酿造出最怡人的香醇的爱的佳酿。

很多女人总是走不出自己设置的感情"陷阱"，念念不忘地奔赴旧情，甚至期待破镜重圆。其实，对于曾经尽管相爱却最终毅然分手的旧情人们，最好的办法就是不见；对于曾经暗恋的人，也让对方静静地留在自己的记忆里。唯有这样，我们才能保留爱情曾经的美好，不至于因为时光而变了味道。请记住：有些爱情，是用来收藏的；有些情人，只适合用来怀念。

与其"跪着乞讨",不如优雅地爱

每个女人的心里都会渴望一份完美的爱情。为了实现爱情的梦想,有的女人爱得卑微,以至于丧失了自我;有的女人却从容、淡定,爱与不爱时都那么优雅。做一个幸福的女人,就要优雅地被爱,只有这样,才能真正感受到爱情的那份美好。

"拜托,大小姐,请你醒醒,他明天就跟人家正式订婚了,订婚的消息都已见报。对方是一个家世比你好、年纪比你轻、容貌比你漂亮很多的女孩子,你以为你会在天亮之前遇到神仙来搭救你吗?哼,白日做梦……"

她坐在镜子前,一心一意地往脸上涂抹,爽肤水、美容液、美容霜……镜子里的那张脸渐渐变得神采奕奕起来,唇红齿白,明眸似水。旁边喋喋不休的闺蜜,说得口干舌燥,她却连扭头看一眼也没有。

一个小时后,她走进了他公司的大门,径直向他的办公室走去。彬彬有礼的秘书小姐没能拦住她。她说,她是他们老总的老朋友,不需要提前预约。

当他听完她不疾不徐的讲述时,鼻梁上的眼镜差一点就掉到办公桌上。

"你说什么？你要来阻止我明天的订婚？"他最初是怀疑自己听错了，继而怀疑自己面前坐着的这个看上去已不再年轻也不再漂亮的女人精神出了问题。她不请自来，在他面前坐下，一番简单的自报家门后，就说请他给她一个机会，先推迟一下第二天的订婚仪式，因为她将比那个年轻女孩更加适合做他的妻子，与他共度人生的后半部分。

他在商海里摸爬滚打几十年了，情场上也曾阅人无数，可她的出现，还是杀了他一个措手不及。他从来没有遇见过像她这样勇敢——不——是鲁莽的女子。

"不，我不是来阻止你的，因为我无权阻止你做任何事情，我只是来请求你给我一个机会，等你听完我的陈述，如果你不能有一丝一毫的改变，我不会再来扰你。"她笑意盈盈地迎着他咄咄逼人近乎愠怒的眼神，没有丝毫的慌乱与怯弱。他再一次被震撼，他还没有遇见过如此自信且镇定的女人。心底的怒气被一份好奇慢慢取代，他饶有兴致地望着她，听她不慌不忙地讲下去。

"我早在10年前就已经开始关注你，也可以说是爱上你。你何时出国读书，何时回国开公司，你这些年在公司里打拼所遇到的种种波折和磨难，你的第一段不如意的婚姻，你平时的生活喜好……我都知道。爱上一个人，会关注这个人的全部……"

她娓娓而谈，脸上始终洋溢着一种让人舒心的微笑。他被那份微笑感染，也被她的故事感动。这些年，他的生活中不缺女人，漂亮的、优雅的、富足的、知性的……他都曾结交过，但像她一样对他了解得如此透彻的还真没有遇到过。他相信了她的话，没有一份特殊的感情，一个女人不会花费如此多的精力与心血在一个男人身上。

感情的天平，在这一刻向着这个陌生的女人倾斜。他果真推迟了自己的订婚日期，那一推迟，又是三年时间。

三年里发生了很多事情，他的事业做得更加红火，他的工作也更加忙碌，她对他一如既往地好，他对她则是一如既往地若即若离。他依然无法确定，她到底是不是那个可以与他相守终生的女人。他被第一段婚姻弄怕了。如果不能选择一位年轻且容貌姣好的女子，那个女人的身上就该另有入得他心的优点。

她不知道，自己是该感谢还是痛恨那个机会的到来。他外出出差，在几千里外，他老家的母亲突然生病住院，他不知道为什么会在第一时间打电话给她。三个多小时后，她出现在他母亲所在的医院。那一段路，好天好道开车子也要六七个小时，那天天上还下着小雨。他的心，第一次因为她而生出了疼惜与后怕。问她何苦，她则笑笑说，听到电话根本就不记得高速路上行车的忌讳了，只想快一点见到老人家，早一点让老人家脱离险境……

她成了他的妻，在一次勇敢的表白、三年辛苦的等待之后。

他们的婚姻，如她期许的那样，幸福而甜蜜。

"当时真的替你捏把汗，看你那样子不管不顾就去追人家，在那样的情形之下。"当年的闺密还是她的闺密，只是一直都没弄明白这位密友当年哪来的勇气。

"你以为我真的是鲁莽，没有丝毫准备地就去见他吗？我去见他，除了带着一份对他深深的了解和爱之外还有一份自信。我相信自己能够打动他，让他改变主意，也相信自己有经营好这份爱情的能力。"她一改平日的活泼俏皮，一脸的郑重。

"那万一他无情地拒绝了你，你的脸面将往哪里放？你会多么难堪难过啊！"

"如果他听完我的讲述还会无情地拒绝我，那么就说明他不是我要找的人，我该庆幸才是，为何要难堪难过呢？我去给自己争取爱情，而不是乞讨爱情。"

爱情，可以争，但不能"讨"。积极的争取让自己的爱情世界不留遗憾，不卑不亢则保住了爱情里一个女人最宝贵的尊严。如此得来的爱情，方能幸福、长久。

所谓优雅地爱与被爱，并非是摆出一副满不在乎，好像看破爱情和红尘似的模样，而是当爱情来的时候，善待它；当爱情不在的时候，留下美好回忆，自己治愈自己，并依然相信幸福总会来临。

奥黛丽·赫本的情感之路走得并不顺畅。但即便如此，赫本对待爱情始终怀着一颗执着的心。每一段恋爱、婚姻她都投入全部的真心实意。幸好她在最后的岁月遇到了"灵魂伴侣"罗伯特·沃德斯，两人虽未成婚，罗伯特·沃德斯却一直陪伴她走到生命的尽头。

赫本一生中只有一次短暂的婚姻。1928年，她与一位名叫勒德格·史密斯的保险经纪人结婚。因他长期在法国的格勒布尔读书，这桩婚姻只维持了几年，两人就劳燕分飞。

当赫本与屈赛相遇的时候，他早已结了婚，并且是两个孩子的父亲。抛弃妻子和残疾儿子去与另外一个女人结婚，他认为这是大逆不道的，他会有深深的负罪感。尽管他深深地爱着赫本，并且很早就与妻子分居，但他永远也不会做离婚的事。赫本清楚地知道这一点，所以从来不对屈赛提这种过分要求，也不在他面前流露因他拒绝离婚给自己带来的伤害和痛苦。

在屈赛逝世前的日子里，只有赫本陪伴着这个孤寂、饱受灵魂摧残的老人。屈赛是在情人的怀里闭上眼睛的。他在遗嘱中说，他将所有遗产都留给妻子和孩子，而给赫本留下的，只是那些美好的回忆。

赫本与男影星屈赛缠绵相爱了26年，但这对有情人最终也没有成为眷属。有人说这是赫本人生中的一大憾事，但她却说："我从来没想过要嫁给他。"

在人生的后20年，赫本几乎都隐居在瑞士的一个小镇上。她从不像同时代的女星那样竭力保持美貌，如非必要，她不化妆。"我希望你不要介意，因为这是我的时间。"她对来访的人说。平时她不戴珠宝，而且毫不犹豫地把从前名动天下的衣服全部送人；她甚至不戴手表，但是从来不会迟到，她有一种天生守时的本性，"我不想自己慌张匆忙"。她喜欢美食，尤其喜欢吃巧克力，但"绝对不会过量"；她平时穿合身的衬衣、牛仔裤；她喜欢花，会在花园待上一整天。天气好的时候她会招呼朋友们在院子里吃饭，走道上的紫色薰衣草香气扑鼻，四只小狗在其中疯狂地奔跑……

在两场颇为不顺的感情后，赫本选择了小自己很多的荷兰商人罗伯特，他是她的老友，也是"灵魂伴侣"，他们一直没有结婚，但她十分满足，"人生峰回路转，何其有趣，如果我们在18岁时相识，我可能永远不会欣赏他。"

1980年冬天，奥黛丽·赫本遇到了罗伯特·沃德斯，他们在赫本的好友康妮·沃尔德比利弗山庄中的家中相识。那一年，赫本51岁。

当时他们两人都是伤心人。罗伯特正处在失去妻子梅莉·欧毕朗的悲痛中，赫本倾听、分担着罗伯特的思妻之情。这是赫本和罗伯特第一次坐下来谈心。"赫本与沃德斯是注定会相遇的。"康妮后来这么说。

他们一见面就被彼此吸引住了。赫本的容貌和气质让罗伯特想起了亡妻。赫本和罗伯特都经历了感情的创伤和"二战"的炮火。他们都是荷兰人，同样的荷兰人气质增强了彼此的吸引力。他们同样敏感，与陌生人相处时总是小心翼翼，一旦彼此熟悉之后，就会显露出幽默风趣的一面。

1981年，罗伯特住进赫本在瑞士的家，开始他们的同居生活。在赫本生命最后的12个年头，她一直与罗伯特生活在一起。他们在很多方面很相似，但他们在生活中偶尔也会发生气氛紧张的小争吵。好在，他们都是温和、谦让的人，在爱与宽容的前提下，他们不会任由争吵升级。

在爱情中，赫本一直在无怨无悔地付出。即使感情消逝，赫本也从来没有失态过，或者喋喋不休地说着自己受的委屈和前任伴侣的过错。她所表现出来的胸怀和气度，以及对真善美的不懈追求，反映到她的外在，使她成为一名即使失去爱情也能保持优雅风范并得到世人尊重的"公主"。

无论爱情还是婚姻，都需要平等和尊重。每个女人都应该做心理上的"女王"，而不是"灰姑娘"。哪怕你再爱一个人，哪怕他真是高贵的"王子"，你也要保持理智的头脑，保持一份女人该有的骄傲，不要过分殷勤，也不要急于讨好。爱得不卑不亢，你才能赢得男人的爱和尊敬，也才能掌握爱情的主动权。

※ ※ ※ ※

如果爱，请深爱

爱是生活中最闪亮的部分。如果我们在最好的年华里遇到了一个爱人，一定要珍惜，将自己最好的时光赠予彼此。茫茫人海，能让我们真正动心而且深爱的人不多，我们也无法保证爱情可以天长地久。如果相爱的人能始终真诚地相待，那么，所有的时刻都将是一种无瑕的美丽。

他从酒楼里歪歪斜斜地走出来，朋友要为他叫辆出租车，他摆摆手拒绝了。外面正下着冬雨，雨丝细细的，打在人的脸上却是刺骨的冷，但他似乎没有感觉到。

摸出手机拨通了她的电话，但电话响过两下后他就挂了机。虽然喝得有点醉，但他还是没有忘记她的叮嘱。她的屋子里有座机，只要她在家，她都让他打过去，她再打回来，她说手机费太贵了，打座机会省点钱。

他曾不止一次对她说，让她放弃那边的工作到他所在的这个城市来，他有能力养活她，她却一笑带过："你这人和钱有仇呀，我在这里干得好好的，工作顺手，收入也好。等我们有了足够的钱，我们就买一套好看的房子，我做里面的女主人。"

说过好多次后，他就懒得再提了。可年纪不等人，他已经快30岁了，仍然过着独来独往的单身生活。他有份不错的工作，曾设计出许多精妙的作品，唯独设计不好自己的爱情与婚姻。她太独立了，不会按照他的设计走。他有时无奈地称他们是"电话夫妻"，所有的情爱只有通过电话来表达。

其实，不知从什么时候起，那些缠绵的爱情悄悄话已被琐碎的问候所代替了。每天那几个电话已变得和例行公事一样："你做好饭了吗？别喝白酒，可以少喝点啤的。""出门别忘记关掉煤气呀。"……她像个老妈子一样把他的生活安排得井井有条，唯独不能飞到他的身边陪着他，可他最需要的是一个有她在的温暖的家。

既然不能在一起，那么他决定放手，放了自己也放了她。那天他特意拉着朋友到一家酒楼里喝得大醉，他需要酒来给他勇气。

她给他打电话过来时，并没有和往常有什么不同："亲爱的，这么晚了，是不是又在外面散步呀？"她知道他那个时候常在外面跑。"没有，我和朋友喝酒了，还在外面呢。我告诉你，今天是你最后一次打这个电话了，明天我就把这个号换掉。我要开始一种新生活，不想再等下去了……"他一口气将这些话说出来，几乎没有给她回话的余地。

"你真的喝醉了，你在说什么呀，你又喝酒……"她开始嗔怪他。

"你根本没在乎过我，你在乎的只是你的工作、你的感觉，你没有想过来我这里。"他边跟跄着往前走，边大声地同她说。每一次她都要他不要在人前大声呼喊，说那样没有教养。他早受够了，他就是要大声地和她讲出来。

电话那边有瞬间的沉默，良久，他听见她温柔地说："亲爱的，你真的喝醉了，好好顺着有树的地方走，不要摔倒了，你还记得回家的路吗？""我没有喝醉，我比任何时候都更清醒，我们分手吧。"他的语气里有几分决绝。"好吧，我尊重你的选择，只要你觉得快乐。"她的声音里已有几分哭意，他忽然有种很痛的快意。

说话间他已摸索到了自己的门前，他开始找钥匙开门。可他翻遍身上所有的口袋却依然没有找到。"坏了，钥匙丢了。"他小声嘀咕着，酒已有点醒了。

"什么？你把钥匙丢了，那你今天晚上要怎么进屋里？你还喝得这么醉……"这次她真的慌了。

"没事，我就在门外坐一晚上好了，冻死活该。"他负气似的倚在了冰冷的门上。

"你快告诉我你朋友的电话，我打电话给他让他来帮你，他怎么可以这样，把你弄醉了就让你一个人回来。"她开始忙着去找纸和笔，"你说吧，我要打电话让他过来的。"

"好的，我说，你记一下。"他突然不知道出于什么心情，顺口就告诉了她自己的电话号码。"就是这个。"

"那好，你待在那里不要动，我给他打电话让他来帮你。我先挂了。"她匆匆忙忙地挂掉了电话。

天，她居然可以忘记了他的电话号码？那个她每天至少要打三次或者更多的电话，他那么认真地重复了两遍，可她是真的不记得了，也许她是真的不爱他了，他想。

过了几秒钟，他的电话又响起来，他接起来，正是她打过来的："你快去帮下我家默然，他喝醉了……"她的声音里有着无法形容的焦灼与心痛。他想笑却再也笑不出来："亲爱的，是我……"眼眶里有些潮湿，他使劲把那些雾气逼回去，不让它们凝聚而掉下来。

"天，我，我，我……"她在电话的那头轻轻地啜泣，再也说不下去。"刚才和你开玩笑呢，我已好好地躺在温暖的床上了，我困了，要睡了，你也睡吧。晚安。""你吓死我了，你不要这样子吓我了，明天我就辞职，我不能再这样子让你吓了，你还是长不大……别忘了在床头放一杯水，免得口渴找不到……"他们就那样轻轻挂了彼此的电话。

她不知道，他是真的把钥匙丢了。那一夜，他在自己家的门口蹲了大半夜，可他的心里却不再寒冷。

无意间流露出来的，往往看似淡薄，细细思量之后则是情浓。那一抹深情，是我们生命中最温柔灿烂的花，需要用一颗细腻的心去采撷。

相爱时要珍惜，在爱情中，不要计较得失。岁月赠予你无限繁花，千回百转遇到的这个人定是你最终的归属。将自己最好的时光赠予他，爱过了，等这一切过去，你仍有美好的回忆握在手心，可以回味，宽慰自己；可以分享，温暖他人。

※ ※ ※ ※

不要用痴情赌明天

人生在世，除了幸福地活着是终身大事，其他的都是小事，包括恋爱这件事，充其量只是重要的事，需要你认真去做的事而已。假如你把爱情看得太重，把爱情当作生命的全部，那便是参与了一场大的"赌注"。

当女孩爱上男人时，如一朵蓓蕾初绽，拼命盛放着自己的热情与爱。以前十指不沾阳春水的女孩，在认识了男人后，洗衣、做饭、煲汤，竟样样精通。

男人并不爱女孩，却贪恋女孩对他的好，舍不得放手。在女孩伤心得要离开他时，他很暧昧地对女孩说："我是喜欢你的，你等我，我会慢慢爱上你的。"

女孩便傻傻地等下来。明知道这场爱未必有好结果，却又抱了希望，因为他对她，不是疏远的。他坦然地接受着她的好，偶尔也会回报她，陪她看电影，请她吃饭，买了小礼物送她，只是不说爱。女孩这一等，就是五年。这期间，男人从不曾间断与别的女人往来。女孩暗自宽慰自己，他那是逢场作戏，他喜欢的还是她，他终究会爱上她的。

可是，某天，男人突然告诉女孩，他要跟别的女人结婚了。

大红请柬递过来，男人若无其事地邀请她："一定要来参加我的婚礼啊。"

女孩哭得梨花带雨："五年啊，我等了他五年啊！"心疼得要昏厥。如何能不心疼！多么宝贵的五年，葱绿盈盈，用什么可以换回？

爱情中的女人，千万不要用痴情去赌明天。爱情中，谁也不会为你虚设席位。爱就是爱，不爱就是不爱。爱你，就跟你在一起，无论悲欢苦厄，你们一起面对和承担。不爱，就请他走开去，不要让自己枉自等待。爱情，本就是这么简单的一件事。

已经到了大龄剩女的年纪，她不得不无奈地去参加家人安排的相亲。然而与他的相识，注定是一场她逃不掉的"劫难"。

那个咖啡店，她现在还记忆犹新。他是一个极平凡的男孩，小眼睛，个子不高，微胖。那天，他给她最深的印象便是他那双仿佛会说话的眼睛。那时的他并没有给她留下多少好感，他们的第一次交谈是在他大谈理想中结束的。互留电话后，他们便匆匆告别。

她在心里暗暗思量：这样的男人应该不会走进我的生活吧！他那双能看穿她心里全部想法的眼睛让她望而却步。殊不知，他是一名销售经理，世事洞明，怎会不知如此单纯的她心里有何想法，有怎样的情愫。

那天之后，他们并无联系。在女孩看来，这似乎只是一场为了应付家人的相亲罢了。直到几天后，他出现在了她公司的楼下，她才知道，他们的故事才刚刚开始。他是来道别的，他工作不在这座城市，过完年便要离开。他们有了一场恋人般的约会，而此时他们却不是恋人。他们一起吃过饭，看了场电影。那个电影叫《八星抱喜》，似乎预示着一个喜剧的开始。

此后的几个月，他们回到了各自的生活轨道。原以为再无交集，直到那个"五一"，他再次出现。这几个月以来，男孩每天无论多晚都会打个电话或发个信息给女孩报声"晚安"。在女孩心里，这个男孩在一点点走进自己的内心，那么不经意，那么毫无征兆。他们终于在那个美不胜收的春天，开始了一场以爱为名的恋爱，像所有恋人一样相爱，享受着爱情带来的一切美好。

那个小长假，他们是在一个有着青山绿水的旅游景点度过的。这场短暂的相聚，是那么甜蜜和美好。然而时光并没有因此而放慢脚步，他终究还是要回去，这场分别却比前两次更让她多了一份牵挂。他踏上火车回去的那一刻，她便收到了他的信息——爱你，等我。她答：此生，有你，有我。

当爱情真的悄然而至的时候，距离便成了最大的问题。因为相爱，所以那么希望生命中每一天都有你；因为相爱，所以那么享受青春里每一刻都是你。她或许是痴情的，可也是无知的。她弃了工作，不顾家人的反对，不顾朋友的相劝，不顾一切地去找他。

那个夏天，她身着一袭素衣，带着一份思念，只身一人来到他所在的城市，为的只是与他相守。那是江南的一座小城，安静得可以听到花开的声音。她与他牵手，走在了她梦里常出现的青石小路上。她与他相拥，奔跑在如诗般美丽的小城。

她在他的公司里做了文员，而他是她部门的经理。她答应他，为了不影响他在员工面前的威严，他们在人前装作陌路人。

为这，她觉得自己受了万分委屈，深深相爱的两个人，在众人面前却要装作互不相识的陌生人。

朋友劝她不要再痴迷下去，如果他真的爱她，定不会如此待她。而她却甘愿隐在他身后，独自流泪。因为爱了，便再无回去的路。

他是经理，她是员工，他做销售，她是文员，如此他们便无法天天在一起了。于是，她放弃了安逸轻松的文员工作，申请做他手下的一名销售员。他答应了，不知何因，她竟有点失落。可是自然既然做了选择，也便没有什么可后悔的。

不知道要经历多少个烈日，她才能完成一个订单。那时她受尽了委屈——顾客的责骂侮辱，她忍了；家人的不理解、朋友的不联系，她忍了。她用尽全部心思，付出所有精力，为的只是得到他的一张笑脸、一句夸奖。

时间久了，同事还是知道了他们的关系，纷纷送上祝福，她幸福地笑了。因为此时的她，已经有资格站在他面前了，她的业务能力得到了大家的认可，她的销售业绩在团队里名列前茅。或许，故事到这里，应该有一个好的结局，男孩一定会为女孩的努力而感动。但这是一场从一开始就注定错误的相遇。

他们之间的关系在一天天地"变质"。男孩并非细心的人，常常因为工作忽视女孩。让女孩最不能容忍的是，他在所有员工面前对她大呼小叫。刚开始女孩理解这是为了工作，故意要在同事面前树立威严。可男孩却变本加厉，一次又一次地拿女孩"开刀"。她渐渐地凉了心，对他失望了，而男孩对此却没有丝毫察觉。

爱情"变质"了，人便离了心。女孩开始变得多疑，开始翻看男孩的手机、QQ。她觉得男孩也开始对她冷淡，嫌弃女孩怀疑他、不给他自由、不给他"面子"，于是争吵越来越多。

这场以爱之名开始的闹剧终于在一个情人节的前夕宣告落幕。一次争吵过后，她问："你还爱我如初吗？"他答："我们不能结婚了。"只此一句话，女孩便明白了一切。

她没有告诉任何人，提着简单的行李，带着一颗受伤的心离开了。是他亲自送她到车站的。车站里人潮如海，而此时她却只能看着眼前人，转过身去，他没有看到她流泪的双眼。

最终，他没有等到车来便先离开了。她望着他飘飘而去，心中默语：此间不见，便可不爱；此心不念，便可离心。

很多女人认为爱情在生命中的分量很重，她们觉得没有爱情就没有了婚姻、家庭乃至生活。可是对于很多男人来说，爱情则是一生最美丽的点缀，他们总是以事业为重，甚至会为了事业放弃爱情，这时候受伤的往往就是那个痴情的女人。

无论是在小说中还是在现实生活中，我们常常看到一些痴情女人忍着疼痛，将自己束缚在一段狭隘的爱情里，一辈子也不肯变，也不觉后悔。然而，她们的低三下四、不断乞求和哀怨，只会让男人离自己越来越远，让自己失去自我和尊严。

尊严是女人内在的颜容，女人失去了尊严，就等于没有了灵魂。没有自尊地死守一段感情，注定会被男人丢弃一边；没有自尊地哀求一个男人，注定被男人视为低贱而不被珍惜。

所以，你可以去爱一个男人，但是不要把自己的全部都赌进去。世上没有任何一个男人值得你用生命去讨好。

※ ※ ※ ※

爱情如存折，记得"存情"

爱情是苗圃中盛开的花朵，需要你用自己的爱心去呵护并灌溉，只有这样你才能看到它娇艳的真心。爱情是一首美妙的诗，需要你用心去体验生活，去丰富并美化它，只有这样你才能看到它感人的真心。爱情是一幅多彩的画，需要你用自己的精力并去构思描绘它，只有这样你才能看到它亮丽的真心。每个人在爱的旅途上，注定要体会一些快乐与磨难。你只有舍得付出真心，才能看到对方对你的真心。

他们像时下很多校园情侣一样，在美好的校园相识相恋，没有独立的经济能力，却总也止不住大把大把地花钱。尤其是他，本来家庭条件就不是很好，还怕在她面前失了"面子"，看到她喜欢的东西，总是不声不响地就替她买回来。如此下来，他月月都把家里寄来的生活费花得精光。

看到他为了生计，在课余时间拼命地打工，花前月下时，那些辛苦得来的钱又如流水一样花掉，她的心，隐隐地疼。

"不如我们建立一个共同的账户吧，每人每月往里面存两百块钱，共同支配。"这个主意，是她考虑了好久之后才想出来的。他笑："好啊，只要你愿意，怎么都行。""就算我们的爱情公积金了，如果将来谁违约背叛了爱情，谁就失去了动用这笔公积金的权利。"她半开玩笑半认真地补充。听她补充完最后一条的时候，他忽然感觉有种淡淡的不舒服。不过，他还是按照她说的，将他们的"爱情公积金账户"建立了起来。

生活果然大有起色，他们眼看着账户里的钱一点点上涨，心里美滋滋的。她很会打理，再不愿乱花钱了。别的情侣们依旧做着"月光族"的时候，他们的账户里已有了几千块钱的节余。

后来，他们双双毕业，在那个城市找到了各自的工作。他们每月存入的"爱情公积金"也越来越多了。由最初的两百元到五百元到一千元到五千元，他的事业越来越得心应手，手里也越来越宽裕。

"我们再加把劲，攒够了首付，就可以在这个城市买一套房子了。"他说的是真心话，爱她就渴望给她一个温暖的家。那时候，他已是公司一个重要部门的经理，月薪由最初的几千到现在逾万了。她向他撒娇："你每个月都有这么多钱了，咱们再多存点放里面吧。"他仍答应，他早忘记了当初的协议，只想早一点拥有他和她的房子，早一点攒够他们举行婚礼的钱。

她却没有忘记。眼看着自己和他的差距越来越大，他回家的时间越来越晚，他的路越走越宽，她也越来越担心失去他。

她劝他将一笔又一笔的"爱情公积金"存入账户。那样的话，她心稍安。

相爱几年来，银行卡一直由她保管，他只管回来把钱如数交到她的手上。那天他发了一万元的奖金，想一下子存进去，送给她一个惊喜。他猜想，工作四年来，他们的积蓄再怎么也有将近20万元了。可当他输入卡号密码，按下查询键时，整个人呆在了那里，账户上只有不到10万元。他的第一个念头就是密码被盗，钱被别人盗取了。他急急忙忙地打她的电话，一直打不通，显示关机。他只好回家，心急火燎地等。

几个小时后，她回来了，一脸的喜色，拎着大包小包，有为他买的领带，有给自己买的裙子。她说商场里正在搞活动，那么一大包东西才花了不到5000块钱。不到5000块钱？他听着她轻描淡写地说出那几个字的时候，忽然觉得她有些陌生。她变了，再也不是当初那个精打细算过日子的小女子了。他淡淡地问："卡上怎么只有那么点钱？"她一下就火了，冲着他叫："家里的房租、电费、水费、柴米油盐，哪一项不要钱？我是做服装设计的，出门总得先把自己打扮得像样子一点吧？那些钱，是我花的。

争吵没有持续太久，他闭口了，他不想因为钱，将他们几年的爱情往别的方向去想。日子仍旧继续，他们之间却似乎隔了点什么，再回不到最初的融洽。那张"爱情储蓄卡"，成了他们最敏感的话题，谁也不愿意提及。

发现他的心已游走在别处，是大半年以后的事情了。在一家超市门口，她远远地看见他被一个娇小的女子亲热地挽着走了进去。明晃晃的阳光底下，她的心似沉入了又深又暗的冰窟。他到底背叛了她。

她没有上前打扰他们，而是一路飞跑回家，然后去银行做了最重要的一件事，把他们的"爱情公积金"，一共16万元，全部转到了她的账户下。她认为，那是她挽留他的最后一根"稻草"。然后，她开始反思自己，处处争强好胜，处处要他迁就自己，她给他的关心和爱太少了。从那一天开始，她试着去调整自己的心态，她决定做回原来的自己，好好爱他。

他却没有再给她那样的机会。他明确地对她说，他们之间，已经遗憾地结束。她哭着问，五年的感情就抵不上一个小小的超市收银员的魅力吗？她知道那个女孩不过是一家超市的收银员。他笑："爱情这东西就是这么玄妙，她不如你聪明，但她比你可爱。"她终于发怒："那好，就按当初说的那样，从今天开始，你没有再支配那笔'爱情公积金'的权利了。"终于说到那个最敏感的话题，她希望他会因此而迟疑。

"也好，十几万块钱，就算买一个教训吧。"说完这些，他收拾东西，开门离去。

她知道，这一次，她是彻底失去他了。那个小小的"爱情账户"，已空空荡荡，只是一张毫无意义的卡片而已。她瘫坐在地上，泪水狂涌而出。

如果爱情可以建立一个账户，存入的也应该是情，而不是金钱；如果你的"爱情账户"上存入的是钱，也应该是被每一寸每一缕的情缠绕过的钱，是相爱的两个人共同努力、共建爱巢的见证。为了挽留爱情而建立的"爱情公积金"，从建立的那一天起，实际上就已踏上一条危险的征途。

❈ ❈ ❈ ❈

因为爱，所以更美好

爱，在某种层面上就是理解和包容。真爱一个人，就要懂得他、理解他，除了要爱他的优点之外，最重要的是接受和包容他的缺点，这样的爱才是真爱，这样的爱才能经受住岁月和生活的重重考验。

他和她相遇就是一场美丽的邂逅。那是在一个晚会上，她平时很少参加这样的活动，为此她着实精心准备了一番。她先去买了一件漂亮的晚礼服，又去做了发型，然后才兴奋地来参加晚会。

就在晚会开始之际，一个温文尔雅，穿着一身得体的着装，像风一样的男人从她身边经过。她从来没有见过如此好看又有气质的男子，他在台上意气风发地讲话，她一句话也没听进去，只是沉浸在那充满磁性的声音之中了。

他也注意到了她。他走下台来，请她跳了第一支舞。尽管两个人是第一次在一起跳舞，却配合得非常默契，他们优美的舞姿赢得了全场的一阵掌声。

晚会结束，他送她回家。相互礼貌地道别之后，他们约好了下次见面的地点。

她一进家门，就迫不及待告诉母亲自己遇到了一个无可挑剔的男人，他简直是完美。她坚信这个男子就是自己生命中一直在找的那个人。

母亲告诉她没有完美的人，她马上反驳，他就是完美的。

随着交往的深入，她并没有发现他有着这样或那样的缺点，这也成为她推翻母亲那句"没有完美的人"的一个有力证据。

她和他的手牵在了一起。他请她吃饭，时不时送些小礼物。她觉得他是世界上最体贴的男人，逐渐爱上了他。她觉得只要和他在一起，走到哪里，风景都是明媚的。

几个月后，两个人决定在一起，就去办了结婚登记。她说她什么都不要，只要一个有他的旅行。也就是在这次旅行中，她发现了他不完美的一面。

那天一大早，他开着车，载着她飞奔在路上，一不小心，和另一辆车有了擦撞。他赶紧跳下车，看了一眼并没有大碍的她，然后就整个人扑到车上，心痛地四处摸看，嘴里连连惊叫。

此时，她身上还有些小疼痛，他却连问一句都没有，一直到警察来后，确定完理赔事项，又把车开往修车厂。整个过程，她仿佛成了局外人。在他眼里，只有那辆受损的车才最值得关心。

她伤心极了：自己怎么找了一个极度自私的男人，这样的男人怎么可能会让她依靠一生？不管他如何道歉，她都决定不再给他机会。

就在这时，母亲又说："本来就没有完美的人。他从小在家里娇生惯养，备受宠溺，难免有点自我，疏忽你也是情有可原。可他把第一眼留给了你，确定你没事，才扑在车子上。这说明，他把你排在了车子前面，并不是无药可救的！"

也许是母亲的话起了作用，也许是爱得太深，她最终选择了原谅。

从这件事之后，他也意识到了自己的骄纵，开始认真地改掉一些小毛病。如今，他依旧单纯，但并不幼稚；他偶尔也会耍耍性子，但已经懂得分轻重；甚至，他开始勇于承担起家庭的责任，把家庭当成一项事业来苦心经营。她也逐渐接受了他身上的一些小毛病。

完美有时候会成为人生的负担，一个人如果绷紧了完美的弦，就可能发不出声来。那些懂得爱自己、宽容别人的女人，是生活的智者，也更容易活得幸福。.

出嫁前一夜，母亲语重心长地对她说："世上没有圆满的婚姻，你要记着他的好，包容他的坏。"

沉浸在幸福与兴奋中的她，嘴上说着知道，可其实心里并未真的明白。或许，许多事都是如此，他人的教诲只当是一句话，唯有自己亲身饮下那杯水，才知冷暖，才知咸淡。

日子一天天过去，那份兴奋与激动早已淡化。三年后的某个夜晚，她终于"爆发"了。

劳累了一天的她，回到家里想喝一口热水，却发现饮水机里的水桶早已干涸；坐在沙发上，本想躺下来歇会儿，却看见他的袜子团成一团在那儿扔着。她说了太多次，脏衣服要放进卫生间的脏衣篓，可他老像是听不见。凌乱的卧室，凌乱的客厅，凌乱的厨房，凌乱的心……

做晚饭时，她不小心把手切了，鲜血直流。她眼泪止不住地往外冒，一肚子委屈。她索性关了火，把切了一半的菜丢在案板上。她冲洗了一下伤口，到药箱里找药。路过梳妆镜时，她瞥见一张憔悴而充满怨气的脸。她觉得，婚姻就是爱情的坟墓。

房间里没开灯，她一个人坐在黑暗中。九点钟，他加班回来，吓了一跳。他打开灯，跟她开了句玩笑，之后又问："晚上吃什么？"说着，往厨房走去。

她面无表情地说："我为什么要做饭？这样的日子我受够了。我想离婚。"

他在厨房里炒菜，喊着："你说什么？我听不见。"

她又重复了一遍。这一次，他听见了。

他走出来，问道："好好的，怎么说这个？"

她冷笑着说："好好的？你觉得好，有人给你洗衣服做饭，有人跟你一起还房贷。可我觉得不好，我累了，不想这么过了。"

第二天，她把离婚协议丢到桌上，让他考虑。之后，她回了母亲家。

一周之后，他打电话给她，说同意离婚，只是，想跟她一起吃个饭。他的声音有点低沉，能听出些许的伤感和无奈。她以为自己得到这个结果会如释重负，可没想到心里却涌起一阵难过："他就这样不吵不闹地同意了？"

他们相约在一家湘菜馆。几天不见，他瘦了，胡茬让下巴看起来略微发青。他拿出那份离婚协议，给了她。眼泪在她的眼眶里打转，从今以后，真的要各奔天涯了吗？

"好了，点菜吧！上了一天班，这会儿肯定也饿了。"他的语气柔和了许多，眼神仿似恋爱时那般温柔。她对服务员说："一份水煮鱼，一份香辣虾。"这两样菜，是她平时最爱吃的。

他笑着说："能不能给我个机会，点个我喜欢吃的。"

"你不爱吃这个吗？"她觉得很奇怪。

"你忘了，我是上海人。我喜欢吃甜的。在一起这么多年，我一直吃的都是自己不太喜欢的东西。可是，你喜欢，我也就跟着吃了。"他笑着说。

她的心像刀绞一样疼，一股愧疚和自责涌了上来。这些年，她从没有主动问过他喜欢什么，她以为只有自己在付出，不曾想到，他竟然每天都在迁就自己。

他说："离婚之后，这里的东西都归你，我只带几件衣服走。"

她脸上挂着眼泪，问："你要去哪儿？"真的要告别了，她再也控制不住自己。她只想着，离婚后自己要怎么过，却从未想过他要怎么过。

"我想回上海。我的父母年岁大了，身边也没人照顾。每次与你全家一起吃饭的时候，我都很想念我的父母。只是，你喜欢这个城市，你的家在这里，我才留下来。你以后自己过，肯定辛苦，所以我把这里的一切都留给你，房贷还有一部分，我会继续还。"他不像是要离婚，更像是要远行。

她心里很自责，也很不舍。这个与她从相恋到结婚一起走过六年的男人，一直忍受着各种不愉快，包容着各种不完美，在离婚时还在替她着想。她为自己的言行感到愧疚，她问："你为什么不早点告诉我？"

"唉，我不想让你操心，也不想让你改变什么。"

"你……可以不走吗？"她哭着说。

最后，他们牵手从餐厅走出。此时，她忽然想起母亲当年说的那番话：记着他的好，包容他的坏。回家的路上，她想到那个有点脏、有点乱的家，没有了厌烦，有的只是温暖和思念。

　　这个世界上没有任何事物是十全十美的，它们或多或少都有瑕疵，爱情亦是如此。爱情里，注定会有些不完美。一颗宽容的心，便是最好的"愈合剂"，能让爱情的伤口开出美丽的花。

第八章

温馨和睦，婉约的女人会顾家

家如花草，需要爱的养护

爱是孤单的一个字，需要两个人相拥。当一个温馨、浪漫的鸟巢能够为劳累、疲倦的鸟儿避风遮雨，这就是爱的港湾，就是鸟儿的天堂。不要将你工作上的失意、生活中的不顺带到你的家庭中，你的家庭应该是爱的港湾。

在俄勒冈波特兰机场等着接一个朋友时，只因无意中偷听到其他人的对话，我竟拥有了一段足以改变生命的经历。事情发生在离我仅仅只有两尺远的地方。

我极目眺望，想从空桥走出的旅客中找到我的朋友，却注意到一个男人拿着两个轻便的袋子向我走来，停在我身旁，那里有迎接他的家人。

他放下袋子后先往他最小的儿子（可能是六岁）那里移去，并给了对方一个大大的拥抱。放开时两人互望着对方，我听到这位父亲说："能见到你实在太好了，儿子，我实在好想你。"他的儿子笑得羞涩，眼神有点闪躲，只是轻轻地回答："我也是，爸爸！"

男人站直，注视着大儿子（也许九岁或十岁），然后把儿子的脸捧在手上说道："你已经是个年轻小伙子啦！我真爱你，柴克!"他也给了对方一个温暖又温柔的拥抱。

当这些动作正在进行时,一个小女孩(可能是一岁或一岁半)开始在她母亲怀里兴奋地动着,从没把她小小的眼眸从她归来的父亲神奇的脸上移开。男人说道:"嗨,小女孩。"当他从她母亲手中温柔地接过她时,很快地在她小脸的每个地方都亲了一下,又把她贴近自己的胸膛摇啊摇,小女孩很快就放松了,满足地把头静静地靠在他肩上。

过了一会儿,他牵着女儿和大儿子的手宣布:"我把最好的留在最后。"然后给了妻子一个我从未看过的最长、最热情的吻,他深情地望着她好几秒,然后静静地说:"我好爱你。"

他们凝视着对方的眼睛,握着彼此的手相视而笑。那一刻我觉得他们也许是新婚夫妻,但根据他们孩子的年龄判断,又不太可能,我被搞迷糊了,然后发现自己竟被离自己不过一臂之遥的、不刻意的真情流露给弄呆了,立刻有种不对劲的感觉,好像自己在偷窥什么似的。但更惊讶的竟是我听到我自己的声音紧张地问:"你们俩结婚多久啦?"

"在一起14年,结婚12年了。"男人顺口答道,眼睛还是盯着他可爱的妻子不放。

"那么,你离开多久了呢?"我问道。

男人终于转了过来,看着我,露出他愉悦的微笑:"整整两天。"

两天?我着实吃了一惊。依这般热烈的欢迎仪式来看,我几乎已认定他们不是离开了几个月,也至少是几个星期。我的心事马上让他看了出来,我实在问得太随性了。于是我想要借着优雅的伪装赶紧脱身:"我希望我的婚姻在12年后还能有你们这般热情！"

男人马上收敛了笑容，直直地看着我，以一种直烧进我灵魂的坚定，让我的想法在他的话语中为之一变。他告诉我："别只是希望，朋友，要下决心。"

他又跟我闪了闪灿烂的微笑，握住我的手，说道："祝福你！"然后，他跟他的家人转过身去，迈开大步一起走开了。

我一直看着这个特殊的男人和家庭走出我的视线，当我朋友走到我身边时问道："你在看什么？"我毫不迟疑，以一种热切的坚定回答他："我的未来！"

有一首歌，名字叫《家是温馨的港湾》，歌词写出了每个人的心声："家是温柔港湾，你我停泊这港湾，风雨再大都不怕，只要有个温暖的家；爱是温柔港湾，你我渴望拥有它，旅途再苦也不怕，只要有个温暖的家。"

爱是如此简单，不管在什么时候，只要彼此总想着对方，牵挂着对方，也许会带有一丝盲目，甚至还会有一些错误，但都是美丽的。所以，要珍惜家，要爱护家。

情感支持，是家庭和谐必不可少的一部分。和谐的家庭，离不开每一个家庭成员的关爱和责任；和谐的家庭，需要每个家庭成员的共同努力和维护。

❊❊❊❊

家人最需要的是陪伴

家是一个避风港，是每个女人心中最柔软的地方。作为新世纪的女性，很多女人骨子里有自立自强的精神，她们忙于工作，忙于应酬，回首才发现，陪伴家人的时间实在太少。在多姿多彩的生活中，你花了多少时间来陪伴自己的家人呢？

一位妈妈每天都很晚回家，回到家后吃完饭，又会匆匆回房间工作。

这一天，她回到家中，看见自己的丈夫在看电视，5岁大的儿子靠在门边，显然是等她等得有些时候了。小男孩很乖巧地跑到她的身边，拉着她的衣角说道："妈妈，我可以问你一个问题吗？"

她皱起了眉头，把儿子抱在怀中，点头答应。于是，小男孩问道："妈妈，你一个小时可以挣多少钱？"她有些为难，最后禁不住儿子的哀求，说道："20美元。"

小男孩跑到爸爸的身边，说道："爸爸，你可以借给我10美元吗？"

她一听，顿时火冒三丈："如果只是去买那些毫无意义的玩具的话，那么给我回到你的房间想想，爸爸妈妈每天工作赚钱不容易，没有钱让你胡乱花。"小男孩安静地回到自己的房间，并关上了门。

她坐下来还是觉得很生气，在丈夫的安慰下，她开始回想自己是不是对儿子太凶了，或许孩子真的想买什么呢！于是她走进儿子的房间，问道："你睡了吗，儿子?""没有。"小男孩闷闷地回答。

"刚才可能对你太凶了，妈妈不是故意的，只是不想你乱花钱。"说着，她从口袋里拿出10美元。小男孩接过，说了声谢谢。他把枕头底下一些皱巴巴的钞票拿出来数着。她看到孩子的钱有些多，问道："你自己有这么多钱了，为什么还要?"

"因为这之前还不够，但我现在足够了。"小男孩说完，便把手里的钱给了她，继续说道："妈妈，我现在有20美元了，我可以向你买一个小时的时间吗？今天晚上我和爸爸想和你一起吃晚餐，要丰盛的晚餐。"

听完孩子的话，这位妈妈心酸了，她发现，自己忙于工作，把自己的丈夫和儿子完全忽略了。她把儿子抱在怀里，回头看见自己的丈夫正抱着一个生日蛋糕，上面点着8根蜡烛。

"亲爱的，今天是我们结婚8周年纪念日，你还记得吗?"她顿时恍然大悟，感动地哭了出来，内心满是对丈夫和儿子的愧疚。她决定，以后无论再怎么忙，都要抽出一些时间来陪陪自己的家人。如果家人不快乐的话，自己在外面拼命工作又有什么意义呢？

女人可以为工作而努力，但也应该花一些精力和时间陪伴自己的家人。事业只不过是人的一个经济支柱和一部分精神支柱，不要为了追逐荣华富贵和功名利禄而忽视了家人的感受。要知道亲情是无价之宝，不论自己有多么繁忙，都要抽出一定的时间来陪伴自己的家人。

　　徐佳在年初升了经理，出差在外的时间越来越多。这回又是刚刚从英国回来，飞机上一个人坐着无聊，就随手找部电影看。电影名叫《因父之名》，她一开始还是漫不经心地看，后来就再也不能移开视线。

　　电影讲的是一个来自爱尔兰的年轻男子在英国闯荡，但是没想到造化弄人，他被人陷害，被判坐牢15年。面对这残酷的现实，这个穷小子几乎崩溃。这时他的父亲竟然也犯了罪，跟他一同入狱。原来父亲知道了儿子被冤枉的消息，决定要陪儿子一起度过，所以父亲放弃了一切，故意犯罪让自己也被关到这个地方来。和儿子一起坐牢期间，父亲一直在想尽各种办法保护儿子，鼓励儿子，支持儿子。因为有了父亲的信任和陪伴，他才没有感到绝望和孤单。父亲至死都在为儿子申诉，希望洗脱他的罪名。

　　徐佳很多年没有在外人面前流过泪，看着这部电影，她在飞机上泣不成声。

　　旁边座位上一个外国老人好心问她怎么了，她说觉得这个父亲真是不幸。老人听后平静地说："这个父亲是最幸福的父亲。"

　　"为什么？"徐佳十分不理解。

　　"能一直陪在自己的儿子身边，是多大的幸福啊！我儿子10年前就离开家了，至今一次都没有回来过。我有时候真希望他失业了，或是发生什么意外不能出门，这样我就能日日在他身边了。"

徐佳一直记着这位老人眼中的落寞和期盼，放假回家时，把这件事当作旅途趣闻说给了父母听。父母没有她想象中的惊讶，倒是沉默了一会儿说，可怜天下父母心。

　　徐佳有一个姐姐和一个弟弟，姐弟三人都在外工作，除了法定节假日，基本上赶不上一起休息的时候。每次父亲都早早地打电话给三个孩子，"预订"他们的长假。父亲的电话就像是假期的定时提醒，总会让忙得昏天黑地的孩子们想到应该放松一下，所以他们每次都会按父亲的希望，回家一起过节。

　　有一段时间，三个人的工作都很忙，几个月都没回去看过父母。好不容易到了"五一"小长假，姐姐说一定要回去看看父母，不过想给他们一个惊喜，所以约定暂时不告诉他们，就说要在公司加班。父亲打来电话时，三个人按计划行事。母亲在一旁听到徐佳说忙不回家，急着抢过了话筒："那自己要多注意身体啊，吃点好的，别怕花钱，下次放假一定回来啊。"语气中的失望和担忧即便隔着这么远的距离还是能感觉到。

　　徐佳有些后悔，觉得这次似乎有些过分了，于是在放假前一天就急匆匆坐车赶回了家。路上交通状况不好，到家时天已经黑了。走到小区楼下，徐佳习惯性地抬头看看家里的阳台，竟然发现母亲正站在阳台上张望。房间里的灯光照出来，很温暖，徐佳的心一下子酸酸的。母亲看到她，一下子跳了起来，大声叫着她的小名。徐佳用力向母亲挥手，快步跑上楼，母亲早就在门口等着了，一见面就上下打量起来，还不住地埋怨她怎么能开这么过分的玩笑。徐佳想笑，又很想哭，可肚子却不合时宜地响了起来，走了将近三个小时，的确饿了。

　　母亲急忙洗手准备重新炒菜，徐佳走进厨房一看，只有炒青菜和一碗剩下的粥。这时父亲走了出来，指着简单的饭菜说："你们都不回来，你妈就让我过这种苦日子。"父亲一向严厉，现在说话的语气倒像个受了委屈的小孩。徐佳忍不住笑起来，但想想父亲一定是希望这样说能让他们回家的时间多一些。

打开冰箱，里面尽是些罐头和已经过期的食品，根本不像她每次回来时看到的。她这才知道原来自己不在的时候父母过的都是这么简单的日子。徐佳赶忙打电话给姐姐和弟弟，让他们买些好吃的回来。

这个假期里，久未团聚的一家人在一起，热热闹闹地吃饭说笑，似乎和平时没什么两样，但徐佳注意到，父母脸上的笑是那么灿烂，那么幸福。

陪伴是很"奢侈"的幸运与坚持。很多人以为来日方长，什么都有机会，其实人生是"减法"，见一面少一面。美国总统奥巴马说："我希望自己可以在一天之中抽出一小段时间去陪伴女儿，这是我最基本的要求。"每天抽出一些时间陪伴家人，这是很重要的。

在现实生活中，为了事业忽略家人的事情屡见不鲜。事业重要，但是家庭同样重要。聪明的女人，会将家庭和事业的关系处理妥当，绝对不会因为事业而忽略了家人的感受。所以，尽量抽出时间陪陪自己的家人吧，他们才是你生命中最宝贵的财富，也是你永远可以依靠的温暖的港湾。

❋ ❋ ❋ ❋

善待爱人的父母

对自己的父母好，善待自己的父母是理所当然的事，所谓"百善孝为先"。但很多夫妻，在涉及对方的父母亲人时，往往没有"一碗水端平"，有着明显的偏袒，对自己父母好，对对方的父母则是另一副面孔。要知道，一个人的父母是他心底永远的柔软之处，所以，既然爱对方，那就要关注并善待对方的父母亲人。

没结婚之前，她是父母手心里的小公主，结婚之后，她面临着成为"煮"妇的难题。第一次下厨房，她做的是青椒肉丝，结果婆婆说她肉丝切成了肉段。为了"调教"她，婆婆从冰箱拿出一块冻肉，让她练习切丝。她觉得委屈，一肚子火立马窜了上来，把刀扔在案板上，摔门而去。

那晚，老公长吁短叹。她听了不耐烦，埋怨道："你不安慰我也就罢了，还在这里叹息连连，难道是我错了吗？你看你妈，凶巴巴的样子，好像我怎么做都不是。"老公伸手握住她的手，可怜兮兮地对她说："好老婆，你别生气，我现在才知道夹心饼干的滋味了。妈说我忘本，你说我不爱你，我夹在中间受煎熬。"

她虽然从小受宠，但并不骄纵。看着老公为难，她觉得僵持着冷战总不是个办法，一个屋檐下，低头不见抬头见的，总要缓和一下关系才是。

　　怎么缓和呢？正巧她周末回了趟娘家，把自己的难题给母亲说了说。母亲听了，语重心长地劝解她："其实我刚做媳妇的时候也这样，什么都不会做，心气儿还高，总跟你爸不乐意，说他妈总是为难我。事实上呢，并不是这样。你想想看，她把自己养了二十几年的儿子交给你，当然要检查一下这个儿媳有没有能力把自己的儿子照顾好。再说了，你总是'你妈你妈'地说，做老公的心里怎么想。你终究是没有把婆婆当成自家长辈一样对待。孩子，其实婆媳关系没那么复杂，她如果觉得自己爱了二十多年的儿子能把心给媳妇了，那你就变成了她的家人、她的女儿，你要告诉婆婆她还赚了呢。"母亲说完就开始乐，那种笑容里，流淌着满足和幸福，还有智慧的狡黠。

　　听取了母亲的意见，她做了一番攻略，最后决定从厨房下手"攻克"。毕竟那是婆婆据守了二三十年的"领地"，也是婆媳缓和关系的"谈判场"。她的厨房战略是放低姿态，摆正位置，把自己当成是婆婆光荣事业的"继承者"，而不是"颠覆者"。

　　想通之后，她主动跟婆婆承认了错误，赔着笑对婆婆说："妈，之前都是我不对。您看我这二十几年，除了上学就是上班，没在家待上几天就嫁了过来，家务活也不会做。我现在才发现，自己真是一点儿自理能力都没有，将来怎么过日子啊？所以，妈，从今天起，您就只当多生了一个女儿，劳烦您费心教教我，错了您就直说，要打要骂的您看着来，只是别怪我笨就行。"

俗话说：伸手不打笑脸人。这样一来，婆婆也就着"台阶"下了。那晚，她跟婆婆在厨房忙，紧张得老公屡屡进出，生怕婆媳俩再闹出什么事情来。她觉得机会难得，便趁机跟婆婆玩笑似的说："妈，您看到没，看您儿子紧张的。其实，我们娘俩如果有矛盾，最难受的就是他了。所以啊，我就算不为别的，就为了您的好儿子，我也要好好孝顺您。"婆婆听了这番话，很是受用，拍着她的肩膀说："你是个懂事的好孩子，有你这样的儿媳，这家能不幸福吗？"

都说婆媳关系最难处，那是因为很多人没有领会到相处的智慧。《孟子·梁惠王上》讲"老吾老以及人之老"，就是说一个人在善待自己家老人的时候不应忘记善待其他与自己没有血缘关系的老人。想想看，没有血缘关系的老人我们都提倡顾及，更何况婆婆是自己最爱的人的妈妈呢？

当年，阿芸才貌双全，阿轩千辛万苦才把她追到手。虽然也是因为爱他才肯嫁的，但婚后，阿芸却不接受阿轩的乡下婆家人，说他家的人粗鲁、没文化、没素养，吃饭有声响，不太讲卫生，坐相也不好看……

阿芸瞧不起婆家人，不屑与他们交往，还不准丈夫和婆家人来往，唯恐"近墨者黑"。偶尔遇婆家人上门，她会用一次性碗筷招呼他们。他们前脚才出门，她马上就让钟点工过来全屋大扫除，哪怕是前一天刚刚搞过卫生。有时，伯伯或小姑的孩子过来玩耍，小孩子天生好动调皮，总会弄脏地板或弄坏什么东西，她就不留情面地责怪。渐渐地，婆家人都怕了她，几乎没有亲友敢登门了。

时间长了，阿轩变得沉默寡言。也不知道婆家人都对他说了什么，反正，每次他从老家回来后，就起码有半个月不作声，每天只是默默地吃饭，默默地看电视，躲在书房上网，就连平时最爱和儿子开的玩笑都没有了。

家里冷冰冰的感觉让人窒息。一天，阿轩对阿芸说："离婚吧，我们感情不和。"

阿芸气愤地责骂他："离婚？没门儿！我不想让儿子在单亲家庭成长。当初那么多人追我，你给了我誓言的，说死也不变心。你能讲出我在家里有什么地方做得不好，只要合情合理，我就同意离婚。"阿轩欲言又止，离婚便不了了之。但阿轩却总是很不开心的样子，问及原因，他又总是沉默不语。

去年的"六一"儿童节，阿芸无意中揭开了谜底。那天，她选了两套童装准备送朋友，但买错了型号。为免浪费，她回家做了个"顺水人情"，对老公说："我买了两套童装给你妹妹的儿子，你带回去吧。"想不到，阿轩即刻喜形于色，久违的笑容又重现了。当晚，他也没有躲进书房上网，而是和儿子在客厅滚作一团。睡觉时，他还破天荒地主动给阿芸抓痒，次日早上又帮她冲牛奶……

此时，阿芸才突然醒悟，原来自己一直以来都冷落了他的家人，不尊重他的家人，伤了他的心。手心手背都是肉，两边都怪他，做了"夹心饼干"，他左右为难，怎么会开心呢？

自我反省后，阿芸马上采取补救措施，逢年过节积极主动地购置礼物回婆家；母亲节时，请公婆去酒店吃饭；两老生日时，送他们衣服鞋袜，每年还给乡下80多岁的太婆婆送钱；婆家人登门时，她热情接待……

　　阿芸想通了：你对婆家人不尊重、不尽责，最终也不会得到老公的尊重。搞不好，连婚姻也难保平安呢！

　　嫁人了，就意味着拥有了两个家：一个娘家，一个婆家。两个家同样重要，不能有偏颇。嫁到夫家，公婆便是你的父母，把他们当成自己的父母一样看待，这样你的丈夫会对你更加满意，你的婚姻也会得以长久而稳固。

　　在对待爱人父母的问题上，首先要明白他们是长辈，是老人，是辛苦拉扯子女长大的人，更是给予你深爱的人生命的人，善待他们，就是善待你深爱的人。善待爱人的父母，就是善待对方对你的爱情。在爱人拉着你的手走入婚姻殿堂的那一刻，对方的父母就已经是你的父母了。所以，善待爱人，善待爱人的父母，也就是善待自己。

❀ ❀ ❀ ❀

爱在前，"管教"在后

　　母亲是孩子最好的老师，须掌握教育孩子的正确方法。所谓正确的教育方法，是母亲在对孩子的长期观察和不断理解的过程中确立起来的。

作为一个母亲，你有责任将更多的欢笑、幸福和爱带进这个世界。

在俄克拉荷马州的一家联邦少年教养所内，有这样一个孩子。他在说起自己母亲的教育时，神情是那样的痛楚，让人感觉十分悲痛。这个孩子说，他在进了教养所之后，给母亲写了很多封信，信上告诉母亲，他在这里学到了很多东西，自己也有了很大的改变。但是出乎意料的，母亲的回信带有浓烈的鄙视意味："请你以后不要再陶醉于那些微小的改变之类的无聊事情了。这个世界上除了监狱之外，没有什么地方是适合你的，你还是在里边好好地待着吧。"

看到这封信的时候，很多人被吓了一跳，这种鄙视和遗弃会给孩子带来多大的伤害啊，果然，看完信之后，孩子都有一些癫狂了，他的眼里散发出的是一种浓浓的失望和怨恨。对于这样的眼神，所里的管教实在不能坐视不管，于是便跟这个孩子进行了长期的接触。

在孩子的情绪稍微稳定一些后，管教和他谈到了他母亲的问题。管教不相信有孩子生下来就是罪恶的，就是要到监狱里去受刑罚的，这中间肯定是受了什么不可忽视的恶劣影响。果然，一段时间之后，管教了解到，这一切的根源居然在于他母亲对他的教育上。

在他很小的时候，母亲教给他的知识居然是如何在别人不注意的时候偷拿东西。他在10岁的时候，在好奇心的驱使之下，迷上了抽烟，他的母亲也没有进行阻止，反而是鼓励他，说这是男子汉的行为。在进学校之后，他曾经很多次和别的学生打架，对此，母亲也没有严格地训斥，甚至都没有责怪过他，好像打架这件事情是理所当然的一样。他的父亲曾经对此给予批评，但是无奈，母亲给他撑腰，告诉他，打架是有勇气的表现，千万不要做一个老被别人欺负的"窝囊废"。

在这样的教育下，这个孩子在黑暗的道路上越走越远，最终拦路抢劫，被关进了少年教养所。可直到这个时候，他的母亲仍然没有意识到，孩子的这一切都是她造成的，她的不正确教育、她的厌弃，将这个孩子原本光明的前途彻底毁灭了。

马克思说："家长的行业是教育子女。"如何教育呢？一位老先生的回答是："养成他们有耐劳作的体力，纯洁高尚的道德，广博自由能容纳新生潮流的精神，也就是能在世界新潮流中游泳不被淹没的力量。"纵观当今世界，培养孩子自立的能力，锻炼孩子经受磨砺的耐力，鼓励孩子勇于竞争的心力，已成为培养下一代的重要目标。

有这么一句谚语："那双推动摇篮的手，也在推动着人类的未来。"母亲对孩子的重要性不言而喻。作为母亲，一定要明白，在孩子成长的过程中，母亲扮演的是一个决定孩子命运的重要角色。一个人一生中最早接触到的教育大都来自母亲，母亲不经意的一句话可能就决定着孩子的未来。

"这个孩子，真的是没救了。他被网络游戏给彻底毁了……"站在郑艳面前，那位妈妈说起那些过往，怎么也忍不住决堤的泪水，"读小学时，他真的是一个很乖的孩子，那时我们一家人在一起，多幸福啊！可自从他迷上了网络游戏，他就完全变成了另一个人。成绩直线下降，对家人动不动就发脾气。他爸爸性格软弱，就只能让我来出面当这个恶人，我让他少玩游戏，努力学习，我一开口，他就挥着拳头来了……我脸上这块伤疤就是他给我留下的……"妈妈哭得说不下去，一边的少年却两眼望天，一副油盐不进的样子。

少年14岁，瘦瘦的，比妈妈高出半头，一直阴着脸，没有半丝笑。

那对母子是郑艳到那个山区县城中学做报告时遇到的。妈妈听完报告特意拉了儿子来找郑艳求助。

"孩子，你听着妈妈这样说，心里怎么想？"郑艳问少年。

"我打她都是因为她自己有错。"少年满不在乎地回答。

"如果你在外面遇上别人打你妈妈，你会上前保护她吗？"

"那也要看人家是因为什么打她，看打她的是谁。"

"是的，我在他的眼里，连一个外人都不如……"听着儿子冷冰冰的回答，妈妈再次痛哭失声。

听少年如此说，郑艳也不由得顿生凉意。郑艳见过不听话、叛逆的少年，他们同妈妈对抗，可一旦妈妈遭遇外来的袭击时，他们还是会勇敢地冲上前保护妈妈。这个14岁的少年，真的把妈妈视若仇敌了。

妈妈认定是网络游戏害了他。"他有心事，宁愿跟网上的陌生人说也不跟我们说，他每天吃了饭就挂在网上，打打杀杀，他……"妈妈还想再说下去，郑艳轻轻制止了她："这位妈妈，我可以单独跟您的儿子聊一下吗？这位同学，你愿意敞开心扉跟老师说说心里话吗？"

郑艳将征求的眼神投向那对母子，他们两个不约而同地回答：

"愿意。"

"我现在特别怀念小学那段时间，那时我们一家人在一起，多幸福啊！"少年的开场白几乎同妈妈如出一辙，"可我上了初中，爸爸妈妈就将我放在老家，他们在广州那边做生意。妈妈每月回来一次，也只待一天。可您知道，她回来最关心的是什么事么？就是我的学习。她只关注我试卷上的分数，关注我将来能不能考上重点中学。她在回来的那一天里，恨不得把我身上所有的缺点和问题都挑出来，让我一下子改掉。我跟她说，妈妈，我长高了三厘米。您猜她说什么？她说，长再高有什么用，考大学也不靠身高。这就是冷场。老师，您懂冷场吧？我就再也不想跟她说什么了。后来，我看着她就烦，她一说话我就想发脾气。读到初二，我有些科目明显跟不上了，心里很烦、很怕，不知道自己的未来会是什么样子。可我没有人可以倾诉。妈妈永远一副急匆匆、高高在上的样子。她总说是她在挣钱养着这个家，我就得听她的……可她爱过我吗？她除了会跟我唠叨还对我做了些什么吗？6月25日是我的生日，我是在网上过的，我的网上朋友都给我发了生日祝福，可我没有等到妈妈的生日祝福，她根本不记得……你们大人都说网络多可怕，你们不知道网络上也有温暖，现在那里才是我的家……"少年的眼眶红了。少年一口气讲了这么多，直讲得郑艳的心里泛起浓浓的酸涩。

等郑艳回头把少年的一番话说给他的妈妈听时，妈妈哭得更厉害了："我一直以为是网络害了他，没想到……我太要强了，面对我的家人，我从来不会示弱，也不会示爱，我总觉得他们是我的亲人，没必要。可我心里在意他们啊……我以后一定注意，只要孩子肯给我机会……"

郑艳又把妈妈的这一番话传给了少年，少年低下了头，没说什么，只上前轻轻地抱了抱妈妈。

那应该是冰冻融化的开始吧。

半个月后，妈妈打来电话："郑老师，谢谢您。我现在已经重新调整了自己的生活重心，我把更多的注意力给了家和孩子。我儿子跟我的关系缓和多了……"

隔了几天，郑艳打开邮箱，少年一封简短的信赫然闯入眼帘："老师，谢谢您。我现在正在努力从虚拟世界里退身出来。妈妈也很不容易，以后，我要努力帮助她分担肩膀上的担子。"

面对有思想的孩子，你可以用自己的言行来管教他们，这是为人父母的责任，但在此之前，一定要先让孩子知道你是爱他的。爱不需要轰轰烈烈，也不需要深刻地掩藏，一餐一饮，一蔬一饭，孩子开心时你陪他一起开心，孩子失意时你及时向他敞开温暖的怀抱，爱在前，管教在后，你的教诲才有可能点点滴滴渗进孩子的心里去。

※ ※ ※ ※

用爱滋养婚姻，用心滋养自己

在爱情中，很多女人习惯把自己完全交付给一个人，在生活和情感上完全依赖于他。有一天，如果这个"枷锁"太重，你的爱成了他的负担，他会毫不犹豫地掉头就走。其实，距离和独立是一种对人格的尊重，这种尊重在最亲近的人之间，同样需要。

爱人之间留一点分寸，留一点余地，生活才会海阔天空。

因此，作为婚姻的一方，请留给对方一些空间，这些空间不仅包含现实中的距离，同样包含心灵上的独立：留下你自己独立的空间，不要与他如影随形，以免让他心生厌倦；留下你自己内心的隐私，给他留一份意味深长而朦胧的神秘；不要试图挽留他离去的脚步，不要幻想他的目光永远专注于你。在你们之间留下一段距离，让彼此都能够自由呼吸。

邢凯在大学毕业前夕，爱上了一个比他小三岁的大一女孩。那是个长相小巧玲珑，性格内向温和，看起来比较腼腆的女孩。都要毕业离校了，朋友都笑他是"黄昏恋"，还说他也算幸运，找了一个如此温柔的女朋友。邢凯自己心里对这个女孩也比较满意，她符合自己对未来另一半的所有要求，长发飘飘，温柔似水，小鸟依人。

毕业了，邢凯的父母在老家为他安排了一份稳定的工作，但女朋友还在学校，他不想离开。为了爱情，他拒绝了家人的好意，执意留下来。得知儿子为了一个女孩而放弃了那么好的一份工作，邢凯的父母不接受他们的爱情，并坚决反对他们的交往。

然而，邢凯是铁了心要和女友在一起，他冒着断绝父子关系的危险，义无反顾地与女友生活在一起。当邢凯决定留下时，女孩很感动，从学校搬出来，与他生活在了一起。

平时，女孩如果不去学校上课，就在他们租住的小屋里收拾家务、洗衣做饭，等邢凯下班。这样的日子，不紧不慢地过了六年。

六年的时间，对于任何一个人来说，都可以做很多事情，尤其是二十来岁如此美好的年华。六年的时间，足以让一个人奠定事业成功的基础，至少也可以找一份自己喜欢的工作，就算工作不顺心，也能跳几次槽，哪怕学习一些专业知识，也可以为自己的就业拓宽方向。然而，这个女孩只做了一件事，那就是一直守候在邢凯的身旁。

刚毕业时，女孩也找过工作，但由于在校时专业课学得不太好，找了一段时间没有合适的，也就不了了之了。接着，邢凯建议她进入一个学习班，学习电脑技术，但学了几天她就不去了，她说自己对电脑不感兴趣，根本学不进去。

后来，邢凯的职位得到晋升，被调到另一个城市工作，女孩马上一同前往。这时，邢凯又建议去考个会计证什么的，她说平生最讨厌的就是数字了。她不想做什么女强人，只想留在他的身边，做他心爱的小女人，每天看着他早上出去工作，等着他晚上回家吃饭、睡觉。

大学同学听说那个女孩一直跟着他，都羡慕他找对了人，认为此生有一个如此贤淑的贤内助是多么幸福。如今的女孩可是大多不愿做家庭主妇的。邢凯只是苦笑了一下，谁又能了解他心中的苦闷。

几年过去了，他们早已享受完恋爱的激情，如今剩下的只有工作的压力和现实的疲惫。一个人在外漂泊已经很辛苦，他却还要承受着女友给自己带来的种种负担。两个人生活上的开销，还有这份情感上的负担，让他越来越想逃避。

女孩一直静静守候，邢凯一直努力承受。家人始终不同意他们的婚事。而结婚又是一件大事，不是两个人说了算的。而且要买房还需要来自父母的支持，可邢凯的这些压力只能独自支撑。就算结婚了，他一个人以后要支撑一家的生活，只会更辛苦。

所有这一切，邢凯想想都觉得恐怖。六年后的某一天，他实在承受不了现实和父母的压力，向她提出了分手。

女孩怎么也不相信交往了六年的这个男人突然提出分手，这个消息对她来说简直是"五雷轰顶"。她追问他为什么，他说太累了。

女孩看到邢凯绝望的表情，知道他们的感情再也无法挽回了，于是一个人离开了。但她没有去找工作，也没有回家。她毕业这么多年，一直没有工作，感情也弄丢了。她觉得自己实在是走投无路了，选择了跳河自杀。

被人救起之后，女孩又把电话打给邢凯——她在这个城市只有邢凯一个熟人。

邢凯去见了女孩，又帮她付了住院费。但女孩醒来后，却像陌生人那样，与邢凯翻脸，要求邢凯做出赔偿。她说自己跟了他这么多年，为他付出了整个青春，必须给"青春损失费"。否则，她会找他的公司，让他臭名远扬，让大家都知道他是一个忘恩负义的小人。

邢凯都不敢想象，曾经那个温顺如小绵羊般的女孩怎么会说出如此疯狂的话。他现在真不知道拿她怎么办了。

六年的青春，没有独立的思想，没有独立的工作，也没有独立的情感，一个女人把所有的希望都寄托在一个男人身上，而忘记了自我。结果她得到的只是一些空白的回忆，以及一个虚度青春后的自己。

当初温柔似水的女孩向曾经相爱的人讨要"青春损失费"，也许是她对爱情寄予了全部的希望。其实，浪费她的青春的是她本人，而不是别人。如果她开始不那么依赖身边这个男人，努力撑起自己头上的那片天空，如今也不会沦落至此。

琳达的老公是纽约小有名气的企业家，生意做得红红火火，家住在富人别墅区，生活优裕富足。

可琳达这么多年来，不肯辞去工作在家里过养尊处优的阔太太日子。相反，她从来不让老公给自己买昂贵的化妆品、漂亮的衣服和好看的包包。老公看太太每天工作非常辛苦卖力，非常心疼她，劝她辞了工作，说自己完全养得起她。

可琳达始终如一，坚持在一家学校当老师。有时候，为了某个调皮的学生，她不得不想各种办法改变孩子，甚至会跑很远的路去学生家里，与学生的家长一起商讨怎么样在有效且不伤孩子自尊的前提下，保持孩子无拘无束的天性，还让孩子将注意力转移到学习上来。还有时候，为了第二天讲一堂完美的课，她会在家里备课到很晚，还要思索怎么样让自己的课听起来生动有趣，好让孩子全身心地投入到听讲上。

琳达教出来的学生个个生龙活虎，成绩优异。每每她接手一个成绩最差的班级，等交接班的时候，这个班的成绩早已取得了质的突破。

后来，讲课颇有心得的她自己开了一家私人学校，她说这样更容易将自己的教学思想贯穿到日常的教学中。

这个过程中，琳达不接受老公哪怕一分钱的资助。学校初建期，为了校舍选址与租赁，为了学校初始运营时的巨大开支，为了招聘最好的老师，为了解决老师的工资问题，她每天忙东忙西，几乎没有时间睡个好觉。几个月下来，人瘦得只剩皮包骨了。

老公对她说："亲爱的，你何必让自己这么辛苦，你老公我又不是没有能力养活你；再者，你非要自己创业，我可以帮你呀，别说这个学校了，你要开个工厂，我也有能力帮你开起来呀！你这样将我置于何处呢？你让别人怎么想你老公？说你老公自己在外面干得风生水起，自己老婆却辛苦成这样?！"

琳达向老公解释说："对不起，我不知道你会这样想。我只是觉得，我们之间应该是最纯洁的爱情，你是我的爱人，不是我的提款机。我不想做一个一无是处的花瓶，更不想因为自己有一个非常棒的老公便什么都不干，就这样老去。亲爱的，相信我，如果有一天我撑不下去了，我会找你的，因为你是在这个世界上，唯一会无所求地帮助我的人，可不是现在。"

琳达说服老公后，依然很辛苦地处理着新学校的一应大小事务。终于，功夫不负有心人，琳达的学校用了一两年的时间走上了正轨。这所学校因为人性化、个性化的教学，通过一个个年轻富有朝气且思维活跃的老师的教导，从这个学校毕业的学生，都在未泯灭天性的情况下，变得成绩优异。

也许有人会以为琳达之所以成功，是因为她自己身上有某种成功的特质。事实上，她身上所具有的，无非是毅力、独立、凡事都想靠自己而已。她知道，如果她心安理得地享受着丈夫给予的一切，那么在人们向别人介绍她的时候，只会说她是某人的太太。但如果她凡事都靠自己，闯出自己的一番天地的话，在这些头衔以外，还会有诸如"著名的女教育家"这样的头衔，这是真真正正属于她自己的，不是别人赠予她的。

其实，这些东西，只要你愿意，你也可以得到，关键是看你有没有意识到。作为一个女人，如果将自己的一切全盘交付给一个男人，当自己无法成为一个独立的个体的时候，当自己身上的一切都贴上这个男人的标签的时候，她就已经不是她自己了，而只是某个男人的女人而已。

你需要"驿站"，不能光靠着男人一手为你建立，只有你和他用共同的心血建立起来的家，才最牢固、最经得起岁月与风雨的吹打；也不能光靠着男人为你撑起一把伞，因为他也会累，他也可能会有被风雨击垮的时候。所以，请用爱滋养婚姻，用心来滋养自己。

✿ ✿ ✿ ✿

家是放"心"的地方

有人说：家是放"心"的地方。如果不把"心"放到家里，让它在外漂泊，心又怎么会安稳呢？

因为有家，我们才得以安身立命；因为有家，我们的心灵才有一种归属感；也因为有家，我们才不惧怕一切的艰难险阻。因为我们知道，不管在这个世界上怎样艰难，我们还有一个栖身之所，一处立命之地，我们还有家。

女人回家去看父母。因为一直在忙，她好久没回去了，以至于父母看到她，都愣在那里说不出话。过了好久，父亲才缓过神来问："你工作那么忙，怎么有空回来？"女人说："公司给了几天假，所以就想回来看看。"

母亲似乎不信，盯着她的脸研究了半天，最后紧张地问："你，你没出什么事吧？是工作出差错了？要不然就是和丈夫吵架了？"母亲一连串的问题让她的脸发红，她不知道自己这样一个平常的举动会让父母有这么多的疑问。她思量着可能是自己回家太少的缘故吧。这个本应该她常回来的地方，她忽略了太久太久，以至于现在她回来反而显得不正常了。

确定女儿是回来看望自己的之后，父母都很兴奋，两位老人像是得了奖励的小孩一样，笑得合不拢嘴。之后，父亲忙着去买菜，母亲则留在家里陪她聊天。母亲拿来花生和瓜子让她吃，刚坐下，家里的电话就响了。因为母亲习惯用免提，所以隔得老远，她就听见了父亲的声音。

父亲在电话那端说："忘了跟你说了，给你泡的蜂蜜枸杞茶在窗台上放着，现在喝刚刚好，你赶紧喝啊，小心放凉了。"母亲挂了电话，走到窗台，端起茶来，笑眯眯地喝了一口。阳光照在母亲的脸上，把笑容映得很温暖。

喝完茶，母亲还没来得及坐下，电话又响了，还是父亲："咱家的水费是不是该交了？我忘了拿单子，你把编号告诉我，我顺路去交一下。"挂了电话，母亲笑着埋怨说："你爸这人啊，就是事多，出去一趟，能往家里打十几个电话。那点儿工资，都给通信事业做贡献了。"

母女俩正说着呢，父亲的电话又来了，听得出来，父亲的声音很兴奋。他用好像发现了新大陆似的语气说："老太婆，你不是喜欢吃黄花鱼吗？今天菜市场有卖的，我买了三条，回去我亲自做你最喜欢吃的清蒸黄花鱼……"

二十多分钟里，父亲的电话接二连三地响，母亲也不厌其烦地接。与其说母亲在陪她聊天，倒不如说是陪父亲聊天。她终于忍不住抱怨说："我爸怎么越来越絮叨？这些话等他回来说也不晚啊，这样打来打去的多耽误工夫啊！"

母亲听了，拍着她的手，笑着说道："是啊，人老了，话也多了。但是傻孩子，你爸的心思你是不懂啊！他这不是絮叨，他这是惦记着我，他是把心留在这个家里了。人活着啊，图什么奔什么呢，不就是心里的牵挂和寄托吗？你爸是因为有牵挂有寄托，所以才会一个接一个地打电话。他怕我跑来跑去接电话会摔跤，还专门把家里的电话换成了子母机。你爸他人虽然在外面，却把心放在了家里，家里事无巨细，他都挂念着呢。不要以为只要往家里拿钱就行了，家不是放钱的地方，而是放心的地方，只有把心放在家里，爱和幸福才会在家中长驻，你明白吗？"

是啊，我们明白吗？多么简单的一个问题，无关财富，无关名利，只要我们拿出自己的心意，知道我们还有个家，家里还有我们爱的人，就足够了。

爱是复杂的，需要的是双方的互敬、互助、互谅、互让。在爱的号召下走到一起的两个人，共同肩负起家庭的责任。相对于爱情来说，家庭更需要双方的经营。婚姻需要两个人的相互扶持、相互包容来维持。

男人有了外遇，要和妻子离婚。妻子不同意，男人便整天找别扭，甚至每天晚归。没办法，妻子只好答应了丈夫的要求。不过，离婚前，她想见见丈夫的新女友。丈夫满口答应。第二天一大早，男人便把一个长相漂亮又温柔可人的年轻女孩带回家来。

男人本以为妻子一见到自己的女友必定气势汹汹地大闹一番，可妻子没有，她很有礼貌地和女孩打了招呼，并请女孩坐下，然后倒水削水果。妻子看着站在一旁的丈夫说："你去房间看看孩子。我们随便聊聊。"

丈夫只好去儿子的房间，看到这个已经近十岁的孩子，从小到大都是妻子一个人在带，自己几乎没有尽过做父亲的责任。今后，也许与儿子单独相处的机会都不多了。此刻，他只想静静地与孩子多待一会儿。儿子看到爸爸走进自己屋里，眼光流露出一丝惊讶，然后高兴地说："爸爸，陪我玩会游戏吧！"他怎么能忍心拒绝儿子的请求呢？

可是，那两个女人会不会发生冲突？妻子平常是那么的不理智。男人的心里真的很乱。过了一个多小时，妻子进来了，请他送客。送女孩回去的路上，男人忍不住问："我妻子和你谈了些什么？是不是不让你和我在一起？"

女孩突然停下了脚步，摇摇头说："你太不了解你的妻子了，就像我不了解你一样！"男人听完，连忙申辩道："我怎么不了解她？她爱冲动，生活中缺少情趣，整日像个家庭保姆似的，没有一点女人味。"

"你既然这么了解她，就应该知道她跟我说了些什么。"

"说了些什么？"男人非常想知道妻子说的话。

"她说她是在最年轻漂亮的时候和你在一起的，十年过去了，琐碎的生活让她变得不再温柔。她让我看了她穿上婚纱的样子，看了你年轻时候的样子，还说你一如当年那么年轻。只是这些年，你工作压力大，心脏不好了，但易暴易怒。如果我和你在一起了，叫我凡事顺着你；她说你胃不好，但又喜欢吃辣椒，叮嘱我今后劝你少吃一点辣椒。"

"就这些？"男人有点吃惊。

"当然还有，不过都是关于你的事。说你喜欢什么样的上衣，搭配哪条领带，还说你至少每个月要理一次头发，你的头发有点卷，时间一长就会乱……"

听完，男人慢慢低下了头。女孩语重心长地说："你的妻子是个好女人，她比我心胸开阔，比我更了解你。回去吧，她才是真正值得你依恋的人，她的怀抱才是你的城堡，我给不了她给你的包容。"

说完，女孩转过身，毅然离去。

自从这次风波过后，男人再也没提过"离婚"二字，因为他已经明白，他拥有的这份爱，已是世界上最好的。

家是放"心"的地方，是盛放爱的地方。心在，爱在，牵挂在，幸福才会常驻。